Edition Delius

Andrew Mikolajski

Obstbäume

Fotos: Peter Anderson

Delius Klasing Verlag

Inhalt

Einleitung

Früchte gehören zu unseren schmackhaftesten und gesündesten Nahrungsmitteln. Allerdings werden wir so üppig und reibungslos mit diesen Delikatessen versorgt, dass wir sie für selbstverständlich nehmen und ihnen kaum die Beachtung schenken, die ihnen zusteht. Was gibt es Köstlicheres gegen den Hunger zwischendurch als einen knackigen Apfel, eine süß-säuerliche Clementine oder eine Handvoll Cashewnüsse?

Unsere erste Erinnerung an feste Nahrung geht stets auf die frühe Kindheit und den Geschmack unseres ersten Bananenbreis oder eines Apfel- oder Pflaumenkompotts zurück. Erst viel später wissen wir Früchte richtig zu würdigen, entdecken die unendliche Vielfalt des ihnen von der Natur geschenkten Aromas. Nahezu alle Früchte sind süß und saftig, und es bedarf keinerlei künstlicher Mittel, um uns ihren Geschmack zu erschließen. Fast alle bieten sich uns in der schönsten vorstellbaren Verpackung dar: In Schalen, die in allen Farben schimmern, mal essbar, mal ungenießbar, liegen sie schmeichelnd in der Hand, die sie pflückt.

In unserer Zeit haben wir das Privileg, sowohl die Früchte unserer heimischen Obstgärten als auch die Köstlichkeiten der Tropen wie Avocados, Mangos, Kokosnüsse und viele andere genießen zu können. Ärzte und Ernährungswissenschaftler raten uns, mehr Obst und Nüsse zu konsumieren, preisen uns deren Vitamingehalt, krebsvorbeugenden und das Immunsystem stärkenden Eigenschaften an, die für unsere Gesundheit so wichtig sind. Diesen Gesundheitsappellen zu folgen fällt nicht schwer angesichts des breit gefächerten Geschmacksspektrums, das sich uns bietet, und wir haben nun kaum mehr eine Ausrede, nicht wenigstens zwei oder drei Früchte täglich zu verzehren.

Mag die Auswahl so groß wie noch nie sein, die sich uns auf den Märkten, bei den Einzelhändlern oder in den großen Supermärkten bietet (wir finden hier nicht nur frische Früchte, sondern auch Konserven, Tiefkühlware oder Säfte), die Gestaltung eines eigenen Obstgartens bleibt doch weiterhin ein sehr befriedigendes Unterfangen. Denn nichts ist mit dem aromatischen Genuss eines Pfirsichs oder einer Birne vergleichbar, die man persönlich vom Baum gepflückt hat und die noch nach Sonne duftet. Und was für ein Vergnügen ist es doch, die eigenen Äpfel zu ernten und sie zu lagern, um sich den ganzen Winter an ihrem Genuss zu erfreuen. Und wie viel größer ist die Freude, hat man sogar den Baum selbst gepflanzt, gepflegt, beschnitten und gegossen!

Früher gab es fast in jedem großen Garten auch einen Obstgarten, in dem eine große Auswahl an Obstgehölzen wuchs. Ein solcher Garten erfordert viel Mühe und Arbeit und übersteigt meist unsere finanziellen Möglichkeiten. Aber selbst in einem überschaubaren Garten können ein kleiner Obstbaum, vielleicht im Topf, und Beerensträucher gedeihen. Die Ernte ist auch dann nicht zu verachten, und falls Sie über genügend Gartenplatz verfügen, um mehrere Exemplare zu pflanzen, beglücken Sie die Familie oder Freunde mit deren Ertrag. Sämtliche Früchte können eingefroren oder eingemacht werden – und zwar ohne all jene Zusatzstoffe, ohne die die industriellen Erzeuger nicht auszukommen scheinen. Diese Aufgabe ist nicht allzu schwer, und viele Gartenfreunde haben Spaß daran.

Das vorliegende Buch beschreibt den gesamten Lebenszyklus der Obstbäume – ihre Herkunft, Ansprüche, Robustheit, ihre Pflege und Erziehung, ihren Schnitt und ihre Ernte. Einige dieser Pflanzen kommen zwar aus den Tropen oder Subtropen (einige, wie zum Beispiel die Kokosnuss, haben eine große wirtschaftliche Bedeutung, denn sie schaffen Arbeitsplätze und sind wertvolle Einnahmequellen für die Länder der Dritten Welt), können jedoch im Warmhaus, in einem Wintergarten oder in einem verglasten Wohn- oder Geschäftsraum auch zu rein dekorativen Zwecken gezogen werden.

Bei der Lektüre dieses Buches werden Sie feststellen, dass die Auswahl der Obstbäume, die uns hier zur Verfügung steht, recht umfangreich ist. Außerdem möchten wir Ihnen all jene Methoden nahebringen, die es Ihnen das ganze Jahr über ermöglichen, die »Früchte Ihrer Arbeit« zu genießen.

Was ist eine Frucht?

Eine Frucht ist ein Samenbehälter und das Endprodukt des Lebenszyklus' einer einjährigen Pflanze. Sie sichert das Überleben der Art. Während sich in der Umgangssprache der Ausdruck »Frucht« allein auf essbare Früchte bezieht, so bezeichnet er tatsächlich alle Organe einer Pflanze, die Samen enthalten.

Das Wachstum der Pflanzen

In den gemäßigten Klimazonen dieser Welt erwachen die Pflanzen zum Frühlingsbeginn aus ihrer Winterruhe. Die Blüten öffnen sich in warmen, trockenen Perioden. Sind die Blüten bestäubt, verlieren sie ihre Blütenblätter und bilden eine kleine Frucht, den sogenannten Fruchtansatz aus.

Wasser in Form von Regen und Grundwasser lässt die Frucht wachsen, und die Sonne sorgt für ihre Reife. Zwischen Mitte und Ende des Sommers erreichen Aroma und Reife ihren Höhepunkt, und auch die in ihnen enthaltenen Samen, oft Kerne genannt, reifen dann.

Bäume und Sträucher, die ihr Laub abwerfen, verlieren dieses im Herbst und stellen jedes Wachstum ein. Dies ist eine der zahlreichen Anpassungsstrategien vieler Bäume, vor allem in gemäßigten Klimazonen, um kalte Winterperioden zu überdauern.

In tropischen Regionen, die nur zwei Hauptjahreszeiten kennen, nämlich eine Trockenzeit und eine Regenzeit, sind Pflanzen praktisch ständig im Wachstum begriffen, können sozusagen jederzeit blühen und Früchte ausbilden.

Warum eine Frucht?

Reife Früchte sind ein Segen für kleine Säugetiere und Zugvögel. Sie fressen das Fruchtfleisch, spucken die Kerne wieder aus, kauen sie oder verschlucken sie als Ganzes. Dabei wandern die Kerne durch den Verdauungsapparat des Tieres, bevor sie weit entfernt von der Ursprungspflanze ausgeschieden werden. Behagt ihnen der Standort, keimen sie und bilden neue Pflanzen. Einige Vögel (z. B. Eichelhäher) und Säugetiere (z. B. Eichhornchen) legen versteckte Nahrungsdepots an (die sie häufig nicht wiederfinden) und tragen so zur Entstehung neuer Bäume bei.

Vom pflanzlichen Standpunkt aus gesehen, ist die Fruchtbildung eine raffinierte Methode, um die konsequente Verbreitung der Art über eine größtmögliche Fläche zu sichern.

Die Fruchtentwicklung

Um eine Frucht mit fortpflanzungsfähigen Samen auszubilden, müssen weibliche Keimzellen durch männliche Keimzellen befruchtet werden. Die Blüten der meisten Blütenpflanzen sind zwittrig, das heißt, männliche Staubblätter (Stamina) und weibliche Fruchtblätter (Karpelle) befinden sich auf ein und derselben Blüte, sie produzieren also sowohl männliche als auch weibliche Keimzellen (Gameten). Viele Obstgehölze haben Strategien entwickelt, um eine Selbstbefruchtung zu vermeiden. Für solche Arten führt nur eine Kreuzbestäubung zu einer erfolgreichen Befruchtung. Hierbei wird der Pollen auf eine Blüte (auf die Narbe) einer anderen Pflanze derselben Art übertragen. Andere Obstgehölze, vor allem die mit zwittrigen Blütenanlagen, sind zuweilen auch Selbstbefruchter.

Die sogenannten monözischen Pflanzen wie die Walnuss *(Juglans regia)* tragen wiederum männliche und weibliche Blüten an ein und derselben Pflanze, sind jedoch getrennt voneinander. Bei den diözischen Pflanzen (z. B. Kiwi) trägt jeweils die eine Pflanze weibliche und eine andere die männlichen Blüten. Bei letzterer Kategorie muss man Exemplare beiderlei Geschlechts nebeneinander pflanzen, damit eine Befruchtung stattfindet.

Weitverbreitete Obstgehölze wie Apfel- und Birnbäume haben sehr spezielle Befruchtungsstrategien. Sie bilden keine Früchte aus, wenn keine Befruchtung mit kompatiblen Sorten (die sogenannten Befruchtersorten) stattfindet. Andere wiederum verzichten gänzlich auf eine Befruchtung, wie zum Beispiel die Banane, die Weintraube und gewisse Zitrusfrüchte. Sie sind steril.

Diese Pflanzen bilden das ganze Jahr über Blüten aus. Nach der Bestäubung fallen die Blütenblätter ab, und eine Frucht mit Samen entwickelt sich. Zitrusfrüchte können gleichzeitig Blüten und Früchte tragen (rechte Seite).

Obstarten

In diesem Band werden die Kapitel nach Obstarten unterteilt, die sich wiederum in die nachfolgenden Kategorien gliedern. Diese Einteilung geschah in erster Linie aus praktischen, weniger aus botanisch-wissenschaftlichen Erwägungen heraus. Das heißt, die Obstarten wurden so eingeteilt, dass sie ähnliche Anforderungen an Kultur, Pflege und Verwertung stellen.

Kernobst

Kernobst besitzt ein festes, aber kein holziges Fruchtfleisch, das im Allgemeinen mehrere Kerne umgibt. Äpfel und Birnen gehören zu den gängigsten Obstsorten überhaupt. Ihre Früchte müssen verzehrt werden, so lange das Fruchtfleisch noch fest ist. Aus botanischer Sicht handelt es sich um sogenannte Sammelbalgfrüchte.

Steinobst

Alle Pflanzen, die in dem Abschnitt »Steinobst« aufgeführt sind, gehören zu der botanischen Art Prunus: Aprikosen, Pflaumen, Pfirsiche, Nektarinen und Kirschen. Tropische Früchte wie die Mango und die Avocado gelten ebenfalls als Steinfrüchte. Aus botanischer Sicht handelt es sich um Schließfrüchte mit einem dreischichtigen Schalenaufbau.

Beerenobst

Zum Beerenobst zählen kleine, weiche und rundliche Früchte. Diese entwickeln sich zumeist auf mehrjährigen Gehölzen. Außerdem zählen Früchte zum Beerenobst, die im botanischen Sinn keine echten Beeren, sondern, wie zum Beispiel Himbeeren, als Sammelsteinfrüchte definiert werden. Die überwiegende Mehrzahl der Beeren enthalten einen oder mehrere Kerne und wachsen an Sträuchern. Aus botanischer Sicht ist die echte Beere eine Schließfrucht, die aus einem einzigen Fruchtknoten hervorgegangen ist. Dazu zählen Johannis-, Stachel- und Blaubeere, aber auch exotische Früchte wie Dattel, Kaki, Kiwi, Granatapfel, Avocado, Kakaofrucht, Papaya und Zitrusfrüchte.

Die Widerstandsfähigkeit der Pflanzen

Die sogenannten »sehr frostharten« Pflanzen trotzen Temperaturen bis zu –15 °C (–5 °C bei lediglich »frostharten« Pflanzen). Die Pflanzen, die wir als »frostgefährdet« bezeichnen, überleben im Allgemeinen keinen Frost und brauchen eine minimale Temperatur, die für jede Pflanze individuell angegeben wird.

Schalenobst

Eine handelsübliche Bezeichnung für zumeist öl- und fetthaltige Früchte, die mit einer mehr oder weniger harten Schale umgeben sind. Dazu zählen echte Nüsse wie Edelkastanie, Haselnuss oder Macadamianuss, aber auch solche, die im wissenschaftlichen Sinn keine Nüsse sind wie zum Beispiel die Cashewnuss. Mandel und Walnuss werden den Steinfrüchten zugeordnet. Übrigens ist auch die Kokosnuss keine echte Nuss.

Zitrusobst

Die Obstgehölze, die dem Zitrusobst zugerechnet werden, sind hier mit Orangen, Zitronen und einigen anderen vertreten. Obwohl ihre Schale essbar ist, werden diese Früchte meist geschält, um an das in Segmente (Spalten) aufgeteilte, saftige Fruchtfleisch zu gelangen. Die meisten Zitruspflanzen blühen mit Unterbrechungen das ganze Jahr über, und die Früchte, die meist neun Monate zur Reifung benötigen, werden zu jeder Jahreszeit ausgebildet – meistens gleichzeitig mit der zweiten Blütenperiode.

Obst von Rankpflanzen

Das hervorstechende Charakteristikum einer Rankpflanze ist ihre Wuchsform. Es handelt sich hier um Kletterpflanzen beziehungsweise Lianen mit vitalem Längenwuchs. Sie sind sommer- oder immergrün, und einige ziehen im Winter ihre oberirdischen Teile vollständig ein. Die Weinrebe – deren Früchte Beeren sind – ist die am häufigsten kultivierte Rankpflanze.

Exotisches Obst

Das entsprechende Kapitel vereint im Wesentlichen die Früchte der tropischen und subtropischen Breiten sowie einige andere Früchte, die in keine der bisher beschriebenen Gruppen passen. Viele dieser Pflanzen sind frostempfindlich und können in Regionen mit Minustemperaturen im Winter nur unter Glas gezogen werden.

Apfel (Kernobst); Pflaume (Steinobst); Johannisbeere (Beerenobst); Sternfrucht (Exotisches Obst); Haselnuss (Schalenobst); Zitrone (Zitrusobst) (im Uhrzeigersinn von links nach rechts).

Pflanzung und Kultur

Um eine gute Ernte wohlschmeckender Früchte zu erzielen, sollte man große Sorgfalt auf die Auswahl der jeweiligen Pflanzen, des entsprechenden Standorts und der Pflanzzeit verwenden. Eine regelmäßige Pflege im Lauf der Jahre, die der Pflanzung folgen, erhält die Gesundheit und die Produktivität Ihrer Obstpflanzen.

Sortenwahl

Das örtliche Klima diktiert die Wahl der Sorten. Dies ist ein wesentlicher Faktor für einen guten Ertrag. Einige frostunempfindliche Obstsorten benötigen eine Frostperiode im Winter, die die Blühfreudigkeit fördert. Bei anderen wiederum ist eine lange Hitzeperiode im Sommer zur Reife der Früchte Bedingung. Pflanzen, die gegen Ende des Winters blühen, sind anfällig für Spätfrostschäden; es ist allerdings möglich, diese auch in sehr kalten Regionen zu kultivieren, doch nur unter Berücksichtigung einiger Vorsichtsmaßregeln (siehe Seite 19).

Der Kauf

Obstbäume und -sträucher stehen in Gärtnereien und Baumschulen, ja sogar in Baumärkten oder großen Supermärkten zum Verkauf, wobei Auswahl und Qualität in Letzteren meist deutlich geringer ausfallen. Es ist daher ratsam, sich in einer Obstbaumschule umzusehen, wo man die entsprechende Beratung bezüglich der dem jeweiligen Standort am besten angepassten Sorten findet. Die Mehrzahl der tropischen Pflanzen ist lediglich in speziellen Gärtnereien verfügbar. Bananenstauden und Dattelpalmen, die häufig auch zu rein dekorativen Zwecken gezogen werden, bekommt man allerdings meistens überall in geringer Zahl.

Containerware oder wurzelnackte Ware?

Eine große Anzahl von Obstbäumen oder Sträuchern wird als Containerware verkauft. Sie können diese daher zu jeder Jahreszeit kaufen und auspflanzen – vorausgesetzt, der Zustand des Bodens lässt dies zu. Die Pflanzung sollte also außerhalb der Frost- oder anhaltender Hitzeperioden erfolgen. Im Allgemeinen sind es Frühjahr und Herbst, die für eine Pflanzung empfehlenswert sind.

Wurzelnackte Ware dagegen wird nur während der Ruhezeiten der Pflanzen verkauft, also zwischen Herbst und Winterende. Sie werden kurz vor dem Verkauf im Lauf des Herbstes ausgepflanzt, die Wurzeln vom Erdreich gesäubert und anschließend mit einem Material oder Substrat ummantelt, das ein zu starkes Austrocknen verhindert. Wurzelnackte Ware ist zwar billiger als Containerware, erfordert jedoch mehr Sorgfalt und Aufwand bei Lagerung, Transport und Pflanzung. Unbedingt zu beachten ist, dass die Pflanze nach dem Kauf so schnell wie möglich in die Erde gesetzt wird. Ist das Erdreich gefroren oder nass und aufgeweicht, bleibt nichts anderes übrig, als sie bis zu einer Besserung der Bedingungen an einem kühlen, dunklen Ort in Torf einzuschlagen. Wurzelnackte Pflanzen benötigen einen Pflanzschnitt (verletzte, abgestorbene Wurzeln entfernen bei gleichzeitigem Rückschnitt der Krone, da die reduzierten Wurzeln nicht alle Knospen gleichzeitig ernähren können).

Veredelte Ware

Die Mehrheit der Obstbäume aus Baumschulen oder Gärtnereien ist Pfropfware. Diese Vermehrungsmethode erlaubt es den Baumschulen, mit minimalem Zeitaufwand ein Maximum an vermarktbaren Pflanzen zu ziehen. Für diese Art der Veredelung wird ein Ableger, der sogenannte Edelreis, von dem Baum geschnitten, den man

Mehrfache Veredelung im Kronengerüst

Es ist möglich, zwei oder mehrere Varietäten auf eine einzige Unterlage zu pfropfen. Selbst wenn das Ergebnis aus ästhetischer Sicht nicht sehr reizvoll ist, eröffnet eine solche Pfropfung die Möglichkeit, eine Auswahl an köstlichen Früchten auf kleinstem Raum zu kultivieren. Diese Technik findet meistens bei Apfelbäumen Anwendung.

Die Veredelungsunterlagen

Apfel *A2, M 7, M 9, M 26, M 27, MM 106, MM 111.*
Aprikose Saint-Julien A, Hinduka, Hinduka/M, ›armroo‹, Wavit.
Kirsche Malling F12/1, f. Hochstämme, Vogelkirsche, f. kl. Bäume Colt, Maxma 14, GiSelA 5.
Zitruspflanzen Orange, Rauschalige Zitrone *(Citrus x jambhiri)*, Bitterorange (*Poncirus trifoliata)*.
Pfirsich Saint-Julien A, Brompton, Fereley, Pumiselekt.
Birne Quitte C (frostempfindlich), Quitte A, Sämling, Adams.
Pflaume Pixy, Saint-Julien A, Brompton, Myrobalane B.

vermehren möchte. Anschließend wird Letzterer auf ein bereits bestehendes Unterlagensystem gepfropft, die sogenannte Pfropfunterlage. Es ist leicht, eine auf diese Weise veredelte Pflanze zu erkennen: Die Pfropfstelle befindet sich meist zehn bis 15 Zentimeter über dem Boden, dort, wo die Pfropfnarbe einen Rindenwulst bildet. Es gibt aber andere Edelreis/Unterlagenkombinationen wie zum Beispiel die Veredelung am Wurzelhals, in Kronenhöhe oder im Kronengerüst.
Man veredelt in der Regel auf jungen, besonders vitalen, robusten und zuverlässigen Unterlagen. Spezialgärtnereien widmen sich allein dieser Aufgabe, wobei es ein besonderes Ziel ist, Veredelungsunterlagen mit besonderen Qualitäten und Eigenschaften zu selektieren. Einige dieser Unterlagen begünstigen beispielsweise ein geringes Höhenwachstum, womit die normaler-

Manuelle Bestäubung

Im Allgemeinen übernehmen der Wind oder Insekten die Bestäubung, doch gelegentlich ist es notwendig, manuell zu bestäuben – besonders bei unter Glas gezogenen Pflanzen. Haben sich die Blüten vollständig geöffnet, überträgt man die Pollen der Staubblätter einer Blüte mithilfe eines Malerpinsels auf die Narbe einer anderen Blüte.

Containerware und wurzelnackte Ware. Der Wulst der Pfropfstelle an der Containerpflanze verrät, dass die Pflanze veredelt wurde (Foto oben).

weise hochwüchsigen Sorten auch für die Kultur im kleinen Garten interessant werden. Andere wiederum bieten eine bessere Widerstandsfähigkeit gegen Krankheiten oder eine höhere Frostresistenz, was die kommerzielle Vermarktung von zahlreichen Obstgehölzen optimiert.

Bodenarten

Die meisten frischen und gut durchlässigen Böden sind für Obstgehölze gut geeignet. Sehr trockene und an Mineralstoffen arme Substrate hingegen führen meistens zu deutlichen Ertragseinbußen. Dasselbe gilt für Bodenarten, die zur Vernässung neigen. Alle Böden können jedoch durch die Beimischung gut zersetzten, organischen Materials (wie Gartenkompost oder Mist) verbessert werden. Sind die Böden sandig, skelettreich und sehr durchlässig, lässt sich durch diese Beigaben die Fähigkeit, Wasser und Nährstoffe zu speichern, optimieren und die Bodenfruchtbarkeit deutlich erhöhen. Gleichermaßen werden zu schwere Böden auf diese Weise gelockert und ihre Wasserdurchlässigkeit verbessert. Die Mehrheit der Obstgehölze verhält sich gegenüber veränderten pH-Werten (saure bis basische Böden) in einem gewissen Rahmen recht tolerant. Dennoch fordern einige Obstgehölze wie zum Beispiel Heidelbeeren saure Substrate.

Das Pflanzen von Obstgehölzen

Ein Obstgarten ist ein langfristiges Unternehmen. Im Idealfall bereitet man das Substrat bereits zwei Monate vor der Pflanzung vor, damit dieses Zeit hat, sich zu stabilisieren.

- Um den Nährstoffgehalt und die Struktur des Substrats zu verbessern, mischen Sie organisches Material darunter. Schon ein Eimer pro Quadratmeter dürfte zu guten Resultaten führen.
- Vor der Pflanzung graben Sie die Erde um und entfernen Sie sämtliche Unkräuter. Haben Sie Containerware zur Verfügung (siehe gegenüberliegende Seite), graben Sie ein Pflanzloch, dessen Durchmesser und Tiefe mindestens zweimal so groß ist wie der Container. Geben Sie organisches Material auf den Boden des Lochs.
- Lösen Sie Gehölz und Ballen vorsichtig aus dem Container und stellen Sie ihn in das Loch. Vergewissern Sie sich von der Tiefe der Pflanzung, indem sie einen Stab quer über das Pflanzloch legen. Die Höhe der umgebenden Erde muss mit der Oberfläche des Ballens abschließen. Wird die Pflanze zu tief in den Aushub gesenkt, fault der Stammansatz. Steht sie zu hoch, sind die Wurzeln Luft und Licht ausgesetzt.
- Füllen Sie den Raum um den Ballen mit dem Aushub.
- Drücken Sie die Erde leicht um den Stammansatz fest. Gießen Sie großzügig mit einer Gießkanne mit feinem Sprühaufsatz.

Handelt es sich um wurzelnackte Ware, wickeln Sie die Pflanze aus der Verpackung und wässern Sie die Wurzeln mindestens eine Stunde. Verletzte oder abgestorbene Wurzelteile sorgfältig abschneiden. Graben Sie ein Pflanzloch von einer Größe, die eine bequeme Ausbreitung der Wurzeln zulässt. Prüfen Sie die Pflanze sorgfältig. Am Stammansatz verrät eine Erdspur, wie tief

Die Stützhilfe

Soll der Baum einen geraden Stamm entwickeln, so ist es unerlässlich, ihm eine Stütze beizugeben. Setzen Sie einen kurzen Pflock vor die Hauptwindrichtung. Stecken Sie die Stütze so in die Erde, dass die Wurzeln nicht verletzt werden. Verbinden Sie Stamm und Pflock mit einem elastischen und verstellbaren Bindematerial.

die Pflanze in der Baumschule im Substrat gepflanzt war. Stellen Sie die Pflanze in das Pflanzloch und prüfen Sie mithilfe eines Stabes, ob sich diese Erdspur auf der Höhe des Randes des Pflanzlochs befindet. Füllen Sie das Pflanzloch mit Erde auf, drücken Sie das Erdreich leicht fest und gießen Sie.

Gießen, Düngen, Mulchen

Alle frisch in die Erde eingepflanzten Pflanzen müssen in der ersten Phase ihres Wachstums gut gegossen werden. Nachfolgend ist Gießen nur noch während sommerlicher Trockenzeiten notwendig.
Für ein gutes Wachstum sind drei Mineralstoffe nötig: Stickstoff (N) regt das Blattwachstum an; Kalium (K) fördert die Blüte; Phosphor (P) begünstigt die Entwicklung der Wurzeln. Spurenelemente sind nur in sehr geringer Dosierung nötig. Universaldünger bestehen zu gleichen Teilen aus den drei Hauptmineralstoffen. Die meisten Dünger für Obstgehölze haben einen hohen Kalium- und einen geringeren Stickstoffanteil. Die erste Düngergabe erfolgt in der Mitte des Frühjahrs und die nachfolgende im Hochsommer. Eine dritte Düngergabe gegen Jahresende unterstützt das Holzwachstum und verbessert die Frosthärte.
Düngergranulat besitzt die Eigenschaft, sich langsam im Boden aufzulösen. Auf diese Weise steht der Pflanze während mehrerer Monate eine Versorgung mit Nährstoffen zur Verfügung. Um der Pflanze einen Wachstumsschub zu geben, wählen Sie einen Flüssigdünger, den man im Allgemeinen für ein Wurzeltauchbad benutzt. Dabei kann man entweder auf Fertigmischungen zurückgreifen oder sich den Dünger selbst anrühren. Dünger in Pulverform muss in Wasser aufgelöst werden.
Beachten Sie bitte in jedem Fall die Anleitungen des Herstellers. Zu hohe Düngerdosierungen (vor allem zu hohe Stickstoffgaben) sind der Gesundheit der Pflanze abträglich, denn dadurch wird die Produktion schwächelnder, schlecht verholzender Triebe gefördert, die für Krankheiten, Schädlinge und Frost anfällig sind. Überdies nimmt die Qualität der Früchte ab.
Eine Mulchschicht aus noch unverrottetem, organischem Material (Laub, Stroh, Rinden- und Holzhäcksel u. a.), die den Stammfuß im Frühjahr oder Herbst umgibt, führt dem Boden bei ihrem Zersetzungsvorgang Nährstoffe zu; außerdem erstickt der Mulch das Unkraut und hält die Feuchtigkeit im Boden. Achten Sie darauf, dass dieser nicht mit der Baumrinde in Berührung kommt, um Fäulnis zu verhindern.

Schutz gegen Vögel und Verbissschäden

Nicht selten ist ein physischer Schutz nötig, um Vögel, Mäuse und Kaninchen fernzuhalten. Kultivieren Sie zahlreiche Beerensträucher wie zum Beispiel Johannisbeeren, hat sich eine käfigartige Gerüstkonstruktion mit einem Drahtgeflecht für Obstgehölze bewährt, die lichtdurchlässig ist, die Pflanzen jedoch vor geflügelten und ungeflügelten Feinschmeckern schützt.
Der Schutz von ganzen Baumkronen gestaltet sich schwieriger. Etliche Obstgärtner spannen am Ende des Winters Vogelschutznetze über ihre Bäume, um Fraßschäden an Knospen und später an den Früchten zu verhindern. Die Maschengröße der Netze sollte so sein, dass sie auch kleine Vögel abhalten.
Kaninchen nagen im Winter gern die Baumrinden an. Das können Sie verhindern, indem Sie die Stämme Ihrer Bäume mit einem passenden Material umhüllen. Die meisten dieser Materialien sind dehnbar und weiten sich mit wachsendem Stammumfang.

Kultur unter Glas

In kalten Regionen und in rauen Winterperioden erfordern zahlreiche frostempfindliche Obstgehölze oder solche, deren Früchte eine lange und warme Reifeperiode benötigen, eine Kultur unter Glas, sei es in Glashäusern, Wintergärten oder überglasten Frühbeeten. Diese Pflanzen müssen in Kübeln oder Töpfen transportfähig sein. Eine konsequente Schnitttätigkeit ist daher zur Einschränkung des Wachstums unerlässlich (siehe Seiten 23–33). Diese Gehölze müssen während der Wachstumsphase regelmäßig gewässert und gedüngt werden. Davon abgesehen brauchen sie im Glashaus Beschattung oder eine gute Lüftung, um eine gefährliche Überhitzung zu vermeiden. Pflanzen, die unter Glas kultiviert werden, sind für Krankheiten und Parasiten anfällig, die normalerweise im Freien kein Problem darstellen (siehe Seiten 179–187).

Frostschutz

Bestimmte Obstgehölze benötigen zur Blütezeit einen Frostschutz. Handelt es sich um einen Hochstamm, decken Sie diesen mit Beginn der Nachtfröste abends mit Wintervlies ab, das Sie vormittags wieder entfernen. Im Fall von Spalierobst deckt man das Vlies über die Pflanzen und befestigt es mit einem kleinen Abstand vor dem Stamm im Boden. Diesen Schutz belassen Sie während der gesamten Frostperiode.

Kultur im Topf

Diese Kulturmethode ist bei vielen Obstgehölzen gut anwendbar und unter gewissen Aspekten auch durchaus erfolgreich. Das begrenzte Wurzelwachstum verursacht Stress, der die Pflanze anregt, zu blühen und in Samen zu schießen, was letztendlich zu einem guten Fruchtertrag führt.

Die Pflanzenwahl

Obststräucher gedeihen gut in Töpfen. Bestimmte Sorten sind zum Zwergwuchs veranlagt und können mit ihren eigenen Wurzeln – also ohne Pfropfunterlage – ohne Probleme im Topf gezogen werden. Bei normalwüchsigen Obstgehölzen halten Sie sich am besten an Pfropfware, deren Unterlage geringe bis mittlere Wuchsleistung besitzt. Sämtliche Zitrusfrüchte gedeihen ebenfalls gut im Topf und vertragen einen Schnitt, der ihre Kronenausdehnung begrenzt.
Töpfe, Kübel und andere Behälter bieten außerdem die Chance, Pflanzen zu ziehen, die auf dem Bodentyp Ihres Gartens sonst nicht oder nur kümmerlich gedeihen würden.
In frostgefährdeten Lagen ist die Topfhaltung im Glashaus oder Wintergarten ideal für tropische Obstpflanzen.
Nahezu alle Obstgehölze verlangen eine Ruheperiode. Dies gilt besonders für unsere heimischen, nordamerikanischen, aber auch mediterranen und vorderasiatischen Obstgehölze, die ihre Ruheperiode in die Winterzeit (die sogenannte Winterdormanz), seltener in die Trockenzeit, verlagern. Diese Ruhezeiten sind bei der Kultur unter Glas einzuhalten. Dazu werden die Temperaturen

Eine Schutzhülle für den Stamm, um Verbissschäden durch Tiere zu verhindern, die sich gern an der Rinde gütlich tun (oben).
Dünger in Form von Granulat löst sich langsam im Boden auf (Mitte).
Flüssigdünger wirken schneller (unten).

deutlich abgesenkt, die Wasserzufuhr wird eingeschränkt, und die Beleuchtungsdauer der Pflanzen hat sich nach der kurzen Tageslänge (Kurztag) der Winterzeit zu richten. Allerdings eignen sich für die Haltung unter Glas all jene Obstgehölze wenig, die den Frost für die Entwicklung von Blüten benötigen. Die Ernte wird vermutlich nicht gerade üppig ausfallen, und die Früchte werden nur langsam und ungenügend reifen, denn diese Obstsorten benötigen normalerweise lange und heiße Sommer.

Die Wahl des Behältnisses

Die Topfgröße muss so gewählt werden, dass sich die Wurzeln der Pflanze zwanglos ausbreiten können. Obstgehölze haben Gewicht, besonders während der sommerlichen Belaubung und sobald die Früchte zu wachsen beginnen. Für Pflanzen, die im Freien gezogen werden, sind schwere Behälter (aus Terracotta und Stein oder aus halbierten Holzfässern) ideal, denn ihr Eigengewicht verhindert, dass die Pflanzen vom Wind umgeworfen werden. Unter Glas leisten auch Plastikbehälter ihren Dienst.

Die Substrate

Um optimale Resultate zu erzielen, sollten Sie sich für ein nährstoffreiches, speziell für die Langzeithaltung in Behältern zusammengestelltes Substrat entscheiden. Topfsubstrate mit lockerer, gut durchlüfteter, stabiler Struktur eignen sich besonders gut für Gehölze. Normale Blumenerde ist im Allgemeinen basisch und daher nicht für Pflanzen geeignet, die sauren Boden fordern. Für letztere Pflanzen sollte man Rhododendronerde benutzen. Früher wurden diese Substrate auf Torfbasis gemischt, doch mittlerweile gibt es auch Alternativen ohne Torfanteile.

Ebenso empfehlenswert ist es, der Blumenerde Sand- oder Kiesanteile beizugeben. Das verbessert nicht nur die Wasserdurchlässigkeit, sondern macht das Substrat auch schwerer. Tonscherben oder Steine, die zuunterst in den Behälter gelegt werden, erfüllen denselben Zweck. Wer die Mühe für die Zubereitung der Erden scheut, dem stehen eine Reihe von Spezialsubstraten zur Verfügung wie zum Beispiel Palmenerde, Zitruspflanzenerde, Rhododendronerde usw.

Tonscherben; Kies; Komposterde (von oben nach unten).

Das Pflanzen im Topf

Befolgen Sie bei der Pflanzung sorgfältig folgende drei Arbeitsphasen, um eine gute Ernte zu erzielen:

1 Bedecken Sie das Abflussloch des Topfbodens mit Tonscherben, um überschüssiges Wasser schnell abzuleiten. Geben Sie darüber noch eine Schicht Kies.

2 Bereiten Sie eine Mischung aus Komposterde und Kies vor, der sie einen Langzeitdünger beimischen.

3 Stellen Sie die Pflanze in den Behälter und bedecken Sie die Wurzeln mit Ihrer Substratmischung. Die Oberfläche des Substrats sollte zweieinhalb Zentimeter unterhalb des Topfrandes abschließen, um das Gießwasser aufzunehmen. Gießen Sie großzügig. Bedecken Sie die Oberfläche mit Kies, um die Wurzeln frisch zu halten und die Wasserverdunstung zu verzögern.

Topfpflanzenpflege

Topfpflanzen müssen regelmäßig gegossen werden, besonders während der Trockenperioden im Frühjahr und Sommer. Dabei ist es sehr wichtig, den Feuchtgehalt des Substrats im Sommer während des Fruchtwachstums auf gleichmäßigem Niveau zu halten. Ein kaliumbetonter Dünger, der im Frühjahr beigegeben wird, fördert die Blüte. Eine zweite Düngergabe mit Kali im Herbst stärkt das Wachstum vor dem Winter. Für Obstgehölze stehen Spezialdünger zur Verfügung.

Pflanzen Sie das Obstgehölz jährlich in einen Topf um, der stets eine Nummer größer ist als der vorausgegangene, bis die Pflanze die gewünschte Größe erreicht hat. Später topfen Sie das Obstgehölz in größeren Intervallen um. Bei dieser Gelegenheit sollten Sie die Pflanze vorsichtig aus dem Behälter nehmen und die Erde von den Wurzeln schütteln. Waschen Sie den Topf aus. Dann schneiden Sie die Wurzeln leicht zu, stellen die Pflanze wieder in den Topf und füllen diesen mit frischer Erde auf. Ist ein Topf für die vorausgegangene Prozedur zu schwer geworden, neigen Sie ihn einfach zur Seite und entfernen die oberste Erdschicht, die Sie anschließend durch frische Erde ersetzen.

Pflanzen im Topf sind im Winter frostempfindlich. Sind strenge Fröste vorhergesagt, bringen Sie die Pflanzen unter Dach oder hüllen Sie den Topf in Wintervlies, Sackleinen, Bastmatten oder andere Materialien.

Schnitt und Erziehung

Der Schnitt ist eine Maßnahme, die offenbar viele Gartenfreunde zu verunsichern scheint. Tatsächlich tut man sich wesentlich leichter, hat man erst einmal die biologischen Grundprinzipien und Techniken begriffen.
Trotzdem bleibt es Ihnen nicht erspart, Ihr eigenes Beobachtungstalent zu trainieren (Wie verhält sich die Pflanze nach dem Schnitt, trägt dieser tatsächlich zu einem höheren Fruchtertrag bei?).

Warum ein Schnitt?

Ziel des Obstbaumschnittes ist die Maximierung der Ernte. Im Privatgarten spielen bei der Formgebung des Obstgehölzes neben rein funktionellen Gesichtspunkten auch ästhetische Erwägungen eine Rolle. Bei funktionell ausgerichteten Schnittmaßnahmen wird die Energie der Pflanze so kanalisiert, dass vor allem die Fruchterzeugung optimiert wird. Davon abgesehen begünstigt ein Schnitt die Verjüngung einer Pflanze, sodass sie frische Triebe ausbildet. Letztere sind vitaler als die alten Triebe und widerstandsfähiger gegen Krankheiten.

Das Werkzeug

Geeignetes Werkzeug erleichtert die Arbeit und reduziert die Verletzungen (jeder Schnitt hinterlässt eine Wunde) auf ein Mindestmaß. Bei einem sauber ausgeführten, die Regeln einhaltenden Schnitt heilen die Schnittwunden schnell. Die Behandlung der Schnittflächen mit Baumwachs ist längst nicht mehr nötig. Dabei riskiert man eher, den Heilungsprozess zu verzögern.

Die Baumschere

Die Baumschere verwendet man zum Beschneiden von Ästen und Zweigen bis zu dem Durchmesser eines dicken Bleistiftes. Von dieser Scherenart gibt es zwei Typen: Die eine funktioniert nach dem Bypass- (siehe Foto), die andere nach dem Ambosssystem. Ein Sicherheitsverschluss, der leicht mit dem Daumen bedient werden kann, öffnet und schließt die Schere reibungslos. Schließen Sie den Sicherheitsverschluss stets vor dem Wegräumen.

Die Astschere

Die Astschere ist das ideale Werkzeug, um dickere Äste zu schneiden. Mit ihr lassen sich die oberen Astpartien ebenso erreichen wie die Basis strauchförmiger oder buschiger Gehölze, um diese »auf Stock« zu setzen – so zum Beispiel bei Himbeersträuchern. Die Mehrheit der Scherenmodelle ist mit Teleskopstielen ausgestattet.

Die Astsäge

Diese Säge dient im Allgemeinen dazu, dicke Äste zu schneiden. Die Mehrheit der verfügbaren Modelle schneiden nur auf Zug. Unter diesem Sägentyp gibt es auch Modelle mit einklappbarem Sägeblatt (Klappsäge), die eine sichere Handhabung gewährleisten.

Arbeits- und Schutzkleidung

Besorgen Sie sich Arbeitshandschuhe aus dickem Material, das vor dornigem und stacheligem Obstgehölz schützt. Tiefe Ritz- oder Stichwunden in der Hand infizieren sich leicht. Ebenso empfehlenswert sind Schutzbrillen.

Grundtechniken

Ein Schnitt regt die Ausbildung junger, vitaler Triebe an, die unmittelbar unterhalb des Schnittpunktes austreiben. Kürzen Sie die vitalen Triebe leicht und die schwachen Triebe radikal ein.
Die Knospen- oder Blattstellung ist entweder

Bypass-Baumschere; Astschere; Astsäge mit Gürtelhalfter; Arbeitshandschuhe aus Kautschuk (im Uhrzeigersinn von oben links nach unten rechts).

Sauberkeit

Schärfen Sie die Klingen Ihrer Werkzeuge regelmäßig und tauchen Sie diese zwischen zwei Schnittmaßnahmen in ein Desinfektionsbad für gärtnerische Zwecke, denn Krankheiten breiten sich rasch über Schnittwunden von einer Pflanze auf die andere aus. *Prunus*-Gewächse sind dabei besonders empfindlich. Bevor Sie Ihre Werkzeuge aufräumen, säubern Sie diese mit einem ölgetränkten Tuch. Außerdem ist es ratsam, Schnittmaßnahmen nur bei trockenem Wetter durchzuführen, da Pilzsporen meist durch den Regen verbreitet werden.

quirlig (drei bis viele Blätter an jedem Sprossknoten), gegenständig (zwei gegenüberstehende Blätter am Sprossknoten) oder wechselständig (an jedem Knoten entsteht nur ein Blatt, das dem vorausgegangenen Blatt um einen bestimmten Winkelbetrag verschoben ist). In ersterem Fall begünstigt ein praktischer Schnitt direkt über einem Augenpaar eine Verzweigung, möchte man eine buschige Pflanze gestalten. Im Fall der wechselständigen Knospenstellung zwingt ein Schnitt unmittelbar über einer nach außen zeigenden Knospe den Zweig, sich in diese Richtung zu entwickeln.
Das Ziel ist hier, die Pflanze in eine Form zu bringen, die wir als Hohl- oder Becherkrone (Gobelet) bezeichnen (siehe Seiten 30–33). Auf diese Weise kann die Luft frei in den Ästen und Zweigen zirkulieren, was die Gefahr von Pilzkrankheiten mindert. Außerdem dringt auch mehr Licht in die Krone und verbessert somit die Fruchtqualität.
Nach dem Schnitt gibt man der Pflanze Zeit, sich zu regenerieren, indem man sie düngt, reichlich gießt und mulcht.

Der korrekte Schnitt

Um einen Zweig zu entfernen, schneiden Sie diesen unmittelbar über einer Knospe. Setzen Sie die Schere zu dicht an einer Knospe an, riskieren Sie, diese zu verletzen. Schneiden Sie zu weit darüber, fault der zurückbleibende Stumpf und der Zweig stirbt möglicherweise auf ganzer Länge ab.

1 An diesem Zweig sind die Augen wechselständig angeordnet. Sie beginnen gegen Ende des Winters zu schwellen und zu wachsen, sobald die Wachstumshormone in Richtung Astspitze steigen (linkes Bild unten).
2 Schneiden Sie den Zweig unmittelbar über einem Auge ab, das in die gewünschte Richtung zeigt. Um eine luftige Krone zu erhalten, wählen Sie eine nach außen zeigende Knospe aus, über der Sie den Schnitt ansetzen (rechtes Bild unten).

Der Pflegeschnitt

Achten Sie sehr genau auf abgestorbene, kranke, abgefrorene oder verletzte Zweige. Ist die Zeit zum Schneiden noch nicht gekommen, lösen Sie das Problem trotzdem umgehend. Schneiden Sie

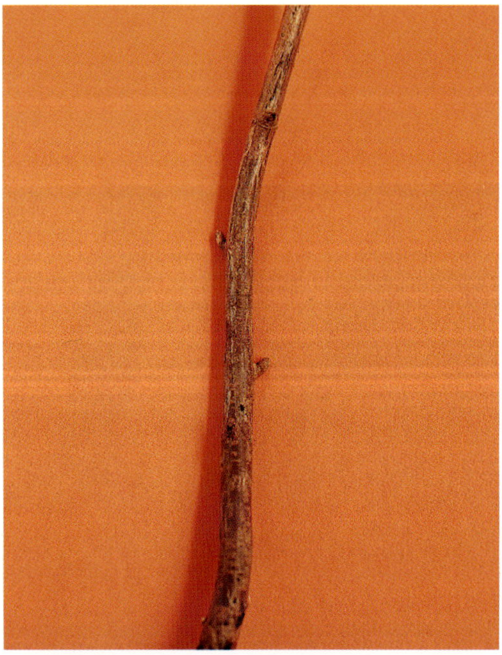

Adventivtriebe (Ableger)

Adventivtriebe (Sommertriebe, Wasserreiser, Angsttriebe) sind Triebe, die aus verschiedenen Ursachen (Rindenverletzungen, erhöhter Stress, zu reichliche Nahrungsversorgung etc.) am Stamm oder Ast eines Baumes oder an einem erwachsenen Busch entstehen. Lässt man zu, dass sich diese Triebe entwickeln, stören sie die Silhouette der Pflanze, und das Gewicht der sich an ihnen entwickelnden Früchte bewirkt, dass die Zweige bis zum Boden überhängen. Dadurch wächst die Gefahr, dass sie abbrechen. Entfernen Sie junge, unverholzte Triebe, indem Sie sie zwischen Daumen und Zeigefinger am Stamm abzwicken. Haben diese sich bereits entwickelt und tragen Blätter, schneiden Sie sie ab.

die gesamte Partie bis zum ersten gesunden, darunterliegenden Auge.
Bei Pfropfpflanzen sollte man unbedingt darauf achten, dass sich keine Triebe aus der Unterlage (also unterhalb der Pfropfnarbe) entwickeln. Sollten sich dort Triebe zeigen, sind sie möglichst frühzeitig bis auf die Basis zu entfernen.

Der Verjüngungsschnitt

Alte, rückgängige und vergreisende Obstgehölze bringen im Laufe der Jahre immer weniger Erträge, können jedoch zuweilen nach einem radikalen, aber sachgemäß durchgeführten Schnitt eine wahre Renaissance ihrer Vitalität erleben. Handelt es sich um einen Strauch, schneiden Sie sämtliche Zweige zwischen Winterende und Frühlingsanfang auf zehn Zentimeter über dem Boden herunter. Bei einer Gobeletkrone auf kurzem Stamm, wie zum Beispiel bei einer Johannisbeere, schneiden Sie die Hauptäste bis auf zehn Zentimeter über dem Stamm zurück. Düngen und wässern Sie. Die Frühjahrstriebe sollten sich danach kräftig entwickeln. Diese Technik allerdings hat eine Unterbrechung der Blüte und folglich der Fruchtbildung zur Folge. Erholt sich die Pflanze nicht, sollten Sie sie ersetzen. Bedenken Sie aber, dass ein Radikalschnitt an alten Bäumen immer mit Infektionsrisiken verbunden ist und zur Überproduktion schwacher Triebe führen kann, die kaum Früchte tragen.

Achten Sie auf abgebrochene Zweige (oben). Schneiden Sie einen abgebrochenen oder verletz ten Zweig bis auf ein darunterliegendes vitales Auge oder ein Augenpaar zurück (Mitte). Spätfröste schwärzen die jungen Triebe (Frostnekrosen). Schneiden Sie die betroffenen Zweige herunter (unten).

Pinzieren

Ein junger, zarter Trieb ist einfach zu entfernen, indem man ihn zwischen Daumen und Zeigefinger abknipst. Diese Technik fördert ein buschiges Erscheinungsbild; zum Beispiel erreicht man ein solches Bild bei einem jungen Zitronenbaum, indem man die neuen Knospen alle vier bis sechs Wochen abknipst. Die jungen Triebe von Spalierpflanzen können im Sommer ebenfalls mit dieser Methode eingekürzt werden.

Die Erziehung

Die Gründe für die Erziehung eines Obstbaumes sind vielfacher Natur. Sie dient in erster Linie der Förderung eines qualitativ hochwertigen und gleichmäßigen Fruchtertrages, dann der Förderung der Vitalität und Stabilität des Baumes, der Erleichterung der Ernte und der Pflege und nicht zuletzt der Ästhetik und der Anpassung an das im Garten bestehende Raumangebot. Bei allen Schnittmaßnahmen ist auch auf die besonderen Eigenschaften und Verhaltensweisen der Obstarten und -sorten Rücksicht zu nehmen. Deshalb werden die Erziehungs- und Schnittmaßnahmen in diesem Buch für jede Sorte gesondert beschrieben. Darüber hinaus entscheiden auch die Produktivität des Bodens sowie die Wüchsigkeit der Pfropfunterlage bei gepfropften Bäumen über das weitere Erziehungsverfahren.
Es liegt auf der Hand, dass man alle diese Ziele nicht mit gleicher Wertigkeit behandeln wird. Steht beispielsweise allein der Fruchtertrag im Vordergrund, wird man frühzeitig einen offenen, lockeren Kronenaufbau ausformen (zum Beispiel eine Gobeletkrone), der ein möglichst gut verteiltes Licht- und Luftangebot garantiert. Eine der wichtigsten Regeln, die bei der Erziehung stets zu beachten ist: Für die Ausbildung von Blütenknospen ist die mehr oder weniger waagrechte Orientierung der Zweige von ausschlaggebender Bedeutung. Vertikal ausgerichtete Triebe erzeugen weit weniger Blütenknospen (Blütenknospen sind oft deutlich dicker und rundlicher als Blattknospen). Um die Ernte und die Arbeiten am Baum zu erleichtern, wird man die Entwicklung der Krone und des Fruchtholzes möglichst so in die Breite lenken, dass der Baum überall erreicht werden kann.
Die Erziehung zu Spalierpflanzen mit flachen Kronen an einer sonnigen Mauer ermöglicht die Kultur von Pflanzen, die für einen freistehenden Standort nicht frostbeständig genug sind. Frostharte Spalierpflanzen lassen sich im Freien an einem Drahtrahmen erziehen.

Das Ausdünnen von Früchten

Zweige können unter der Last ihrer Früchte brechen. Das Entfernen eines Teils der Früchte schränkt diese Gefahr ein. Ist die Menge der Ernte von geringerer Bedeutung, so fallen die am Baum verbleibenden Früchte dann umso größer, saftiger und süßer aus. Das Ausdünnen ist besonders wichtig bei Weinreben, deren Früchte nicht einheitlich reifen. Die verbleibenden Trauben zum Beispiel sollten in einem Abstand von 30 Zentimetern wachsen, und auch die Beeren, die sie tragen, müssen ausgedünnt werden. Schneiden Sie die überflüssigen Trauben mithilfe einer Schere aus, um eine umgekehrte Pyramidenform zu erzielen. Apfelbäume werfen häufig ganz von selbst einen Teil ihrer Früchte am Sommeranfang ab. Diese natürliche Ausdünnung muss Sie also keinesfalls beunruhigen.

Drahtrahmenunterstützung

Rammen Sie solide Pfosten in einem Abstand von zwei Metern in die Erde. Spannen Sie dazwischen horizontal Draht in einer Höhe und in Abständen von 30 bis 45 Zentimetern (abweichende Maße werden bei der Beschreibung der einzelnen Obstarten angegeben). Der Durchmesser des Drahtes sollte stark genug sein, um das Gewicht der Pflanze samt Früchten zu tragen. Um einen angemessenen Abstand zwischen Mauer und Draht herzustellen, führen Sie den Draht durch Ringschrauben oder Putznägel mit Öse, die Sie in Abständen von 30 bis 45 Zentimetern in die Wand treiben. Der Freiraum zwischen Mauer und Pflanze ist sehr wichtig, um eine freie Luftzirkulation zu gewährleisten.

Klammern

Klammern werden im Allgemeinen dazu genutzt, die Weinrebe zu führen, doch sie sind auch

Der Stahldraht, an dem die Pflanzen erzogen werden, darf nicht rosten.

bei anderen Pflanzen anwendbar. Dabei unterscheidet man zwei Typen. Ringschrauben werden in die Mauer eingelassen: Bohren Sie dazu ein Loch in die Mauer, in das sie einen Plastikdübel stecken. In diesen schrauben Sie dann die Ringschraube. Der flache Putznagel mit Öse ist am einfachsten zu installieren, aber dafür weniger stabil. Es genügt, ihn in die Zementfugen zwischen die Mauersteine zu schlagen.

Bandverbindungen

Für die Befestigung der Pflanzen an Spanndrähten steht unterschiedliches Material zur Verfügung. Dieses muss lediglich so geschmeidig und dehnbar sein, dass der junge Trieb nicht beschädigt wird. Ziehen Sie daher die Verbindungen nie zu fest an, denn die Zweige werden laufend wachsen und sich verändern. Vergewissern Sie sich regelmäßig, dass diese Verbindungen noch richtig sitzen.

- Drahtverbindungen haben den Vorteil, dass sie in die jeweils gewünschte Form gebogen werden können. Wählen Sie einen mit einer Kautschukhülle überzogenen Draht.
- Bast ist ein natürliches, umweltfreundliches Material, das sich in jede gewünschte Länge schneiden lässt. Für eine absehbare Zeit stellt es eine durchaus solide Verbindung her, verrottet jedoch nach ungefähr einem Jahr.
- Gartenband ist solide und praktisch, doch wie Bast hat es die Tendenz zu verrotten.

Die horizontale Erziehungsform

Für eine optimale Blühfreudigkeit und anschließende Fruchtbildung müssen die Zweige horizontal erzogen werden. Leiten Sie die Triebe, so lange sie noch weich und geschmeidig sind, und befestigen Sie sie an der Unterstützungskonstruktion beziehungsweise Rankhilfe. Bei bestimmten Pflanzen sind die Zweige zu steif, um problemlos horizontal geleitet zu werden. Bringen Sie diese Zweige daher so horizontal wie möglich in die Fächerform und befestigen Sie sie an dem Punkt, wo sie den Draht kreuzen.
Die wichtigsten Spalierformen für Obstgehölze sind auf den folgenden Seiten beschrieben. Für Kletterpflanzen schlagen Sie im Kapitel über die Rankpflanzen (Seiten 137–145) nach.

Ringschrauben, die man in die Mauer einschraubt; Putznägel mit Öse, die man in den Putz einschlägt; mit Kautschuk umhüllter Draht; Gartenschnur (von oben nach unten).

Erziehungsformen der Obstbäume

Nachfolgend werden die gängigsten Erziehungsformen der Obstbäume beschrieben. Mit Ausnahme der »naturnahen Krone« und des »Hoch- und Halbstammes« sind die Bäume so geformt, dass sie leicht zu beernten und bearbeiten sind; das heißt, die Früchte entwickeln sich in einem Höhenbereich von einem bis drei Meter über dem Boden. Bei einer Höhe über sechs Meter gestaltet sich die Arbeit am Baum bedeutend schwieriger. Diese Erziehungsformen eignen sich gleichermaßen für die Plantagenkultur in Reihen. Pflanzen Sie Obstgehölze in Reihen, müssen Sie die endgültige Kronenausdehnung des Einzelbaumes für die Abstände untereinander berücksichtigen.
Wir vermitteln Ihnen hier eine einfache Definition der Kronenformen sowie einige grundsätzliche Informationen darüber, wie Sie diese erzielen können. Genauere Einzelheiten über die Erziehung einer Pflanze entnehmen Sie dem entsprechenden Kapitel über die einzelnen Obstgehölzsorten. Die Mehrzahl der Obstbäume, die Sie kaufen können, sind bereits entsprechend zugeschnitten und vorgeformt; sicher die beste Wahl für ungeduldige Gartenfreunde, doch es ist bestimmt befriedigender – und preiswerter –, die eigenen Obstbäume und Sträucher selbst zu erziehen. Die vorgeformten Obstbäume blühen und fruchten meist in der Saison nach der Pflanzung. Machen Sie den Erziehungsschnitt von Anfang an selbst, müssen Sie im Allgemeinen drei Jahre bis zur ersten Ernte warten.

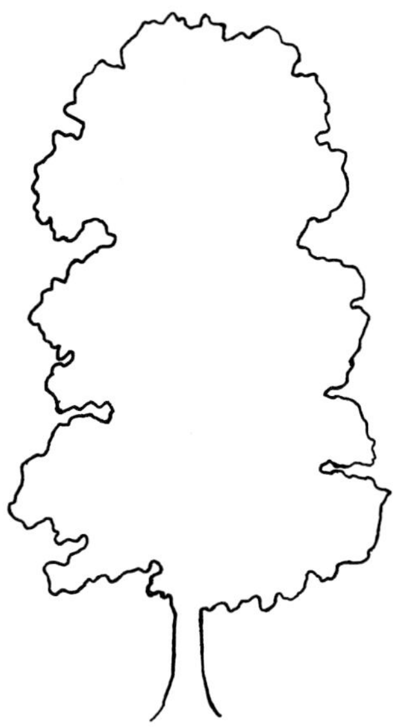

Baum mit naturnaher Krone

Diese Form für einen hohen Baum ist am besten für einzeln stehende Exemplare geeignet. Dazu lässt man einen jungen Baum oder Schössling sich fast frei entwickeln. Er benötigt nur geringe Schnittmaßnahmen. Hat sich der Baum nach drei bis fünf Jahren etabliert, beginnen Sie damit, die untersten Äste zu entfernen, um einen Stamm von eineinhalb bis zwei Meter Höhe zu formen. Die vertikale Stammverlängerung darf durchtreiben, bis der Baum seine natürliche Höhe erreicht hat. Mit Ausnahme von Maulbeerbäumen, Edelkastanien und einigen anderen Gehölzen, die Schnittmaßnahmen übel nehmen, werden nur wenige Obstgehölze auf diese Art geformt. Jeder Eingriff, der darauf abzielt, die Ausformung des erwachsenen Baumes zu reduzieren, sollte einem professionellen Baumschneider überlassen werden.

Hoch-, Halb- und Niederstamm

Hochstämme werden auf wüchsigen Pfropfunterlagen gezogen und sind im Allgemeinen für die meisten Gärten zu groß. Der Stamm erhebt sich dann glatt und ohne Seitenäste in eine Höhe von über 1,60 Metern. Halbstämme (beziehungsweise Mittelstämme) haben eine Länge von 1,00 Meter bis 1,60 Metern und werden auf Pfropfunterlagen mit mittlerer Wuchsleistung gezogen. Niederstämme werden auf geringwüchsigen Pfropfunterlagen gezogen und sind unter einem Meter lang. Um einen Stamm zu erzielen, lässt man den jungen Baum zunächst frei wachsen und entfernt dann die seitlichen, untersten Äste wie bei dem Baum mit naturnaher Krone. Hat die Stammverlängerung die gewünschte Höhe erreicht, schneiden Sie sie zurück und formen anschließend die Leitäste wie für eine Hohl- oder Becherkrone (siehe Gobelet).

Gobelet (Hohl- oder Becherkrone)

Diese Kronenform ist ideal für einen Garten mit Obstbäumen, sollte sich jedoch auf eine Pfropfunterlage mit geringerer Wuchsleistung stützen. Das Ziel ist eine buschige Kronenform auf einem Stamm von 75 bis 100 Zentimeter Höhe. Die Stammverlängerung muss entfernt werden, um eine untere Verzweigung zu fördern. Wählen Sie im Winter die drei (bis vier) vitalsten und am Stamm möglichst gleichmäßig verteilten Seitenäste aus, die das Kronengerüst bilden sollen, und schneiden Sie alle anderen bis auf den Stamm zurück. Kürzen Sie die verbliebenen Leitäste bis auf die nach außen gerichteten Augen ein, um der Kronenmitte eine optimale Belichtung und Durchlüftung zu ermöglichen. Achten Sie darauf, dass die Leitäste in gleicher Höhe enden, damit sich die Krone in der sogenannten Saftwaage befindet. Im folgenden Winter schneiden Sie nur leicht.

Pyramidenkrone

Als Pyramidenform bezeichnet man einen Baum mit ausgeprägter Stammverlängerung. Stützhilfen sind bei der Ausformung von zierlichen Bäumen wichtig. Im ersten Winter kürzen Sie die Stammverlängerung auf 50 bis 75 Zentimeter über dem Stamm und auf ein nach innen gerichtetes Auge ein, aus dem sich ein weiterer Mitteltrieb entwickeln soll. Die Stammverlängerung muss etwa zehn Zentimeter über den Leitästen enden. Das stimuliert die nächste Leitastebene, die so behandelt werden muss wie die nachfolgend beschriebene unterste Leitastetage: Schneiden Sie die geeignet platzierten drei (bis vier) Seitenäste bis knapp oberhalb der nach außen zeigenden Augen zurück, um eine horizontale Ausbreitung zu fördern. Achten Sie dabei darauf, dass die Äste in gleicher Höhe enden, damit sich die Krone in einer sogenannten Saftwaage befindet. Entfernen Sie gegebenenfalls die vitalen Konkurrenztriebe im oberen Teil der Stammverlängerung.

Schräger Kordon

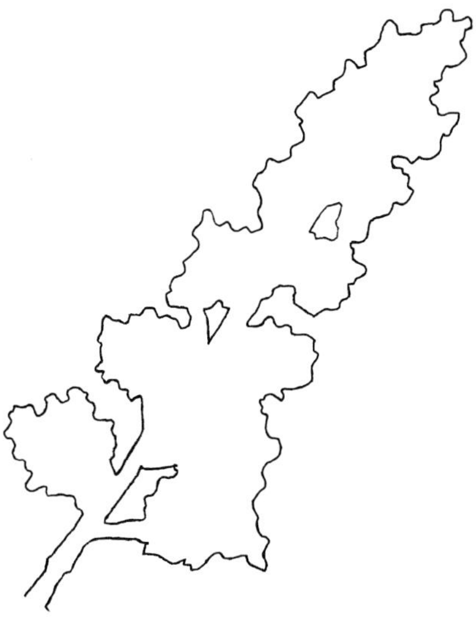

Der schräge Kordon eignet sich für zahlreiche Apfel- und Birnensorten, die man an eine Hauswand oder Mauer pflanzt. Zunächst wird der Baum in 40 bis 60 Zentimeter Höhe gebogen. Das Ziel ist die Entwicklung von kurzem Fruchtholz am Stamm. Es entwickeln sich häufig kräftige Triebe auf der Oberseite des Stammes. Sind diese im Sommer (Mitte Juli) etwa 20 Zentimeter lang, werden sie auf drei bis fünf Laubblätter eingekürzt. Besonders starke Holztriebe werden entfernt. Aus den verbleibenden Augen entwickeln sich meist ein Holztrieb und ein Fruchtholz. Ist der neue Trieb etwa 20 Zentimeter lang, wird er erneut in ähnlicher Weise zurückgeschnitten. Insgesamt bleibt es in der Regel bei drei Arbeitsdurchgängen pro Jahr. Im folgenden Winter werden die Holztriebe, die sich über dem Fruchtholz befinden, entfernt, gegebenenfalls der Stamm eingekürzt, zu lange und schwache Triebe entfernt.

Horizontale Palmette

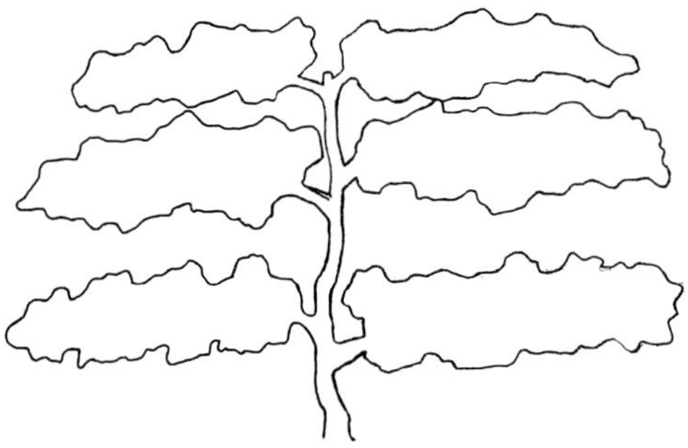

Bei dieser Erziehungsform werden die Seitenäste streng horizontal geführt, sei es an einem Gerüst, an einer Mauer (Spalier) oder an einem freistehenden Gerüst (freistehendes Spalier). Pflanzen Sie ein Bäumchen und schneiden dieses im Winter auf ein Auge über dem niedrigsten Spanndraht zurück. Wählen Sie den vitalsten der neuen Triebe als Stammverlängerung aus und binden Sie diesen an einen vertikalen Stab, der an den Drähten angebracht ist. Wählen Sie dann zwei kräftige Seitenäste und binden diese an Stäbe, die diagonal an den Drähten befestigt sind. Die Diagonalstellung regt die Seitenäste zu kräftigem Wachstum an. Zum Winterende richten Sie die Stäbe horizontal aus und befestigen diese am untersten Draht. Schneiden Sie den Stamm bis oberhalb des zweiten gespannten Drahtes zurück, und wiederholen Sie diesen Prozess in den folgenden Jahren. Die horizontale Stellung fördert nun die Fruchtholzbildung. Das Fruchtholz sollte laufend verjüngt werden.

Fächerspalier ohne Mitteltrieb (Pfauenradfächer oder Teufelspalmette)

Diese Form ist besonders für Pfirsich- und Aprikosenbäume geeignet, die in kälteren Regionen vom Schutz einer Mauer profitieren. Nach der Pflanzung wählen Sie zwei Seitenäste als Leitäste aus, die seitlich vom Stamm diagonal gezogen werden können. Binden Sie diese Leitäste an Stützen, die Sie wiederum an den Spanndrähten befestigen. Kürzen Sie den Stamm bis auf die Höhe des obersten Astes ein. Je nachdem, wie sich die beiden kräftigen Leitäste entwickeln, binden Sie diese an die Drähte. Das Ziel ist eine auf beiden Seiten gleichmäßige Entfaltung der Äste. Das Fruchtholz sollte laufend verjüngt werden. Stehen die Leitäste und deren Verlängerung zu steil, lässt die Bildung von Fruchtholz nach. Bringen Sie die Äste in eine waagerechtere Position.

Waagerechter Kordon

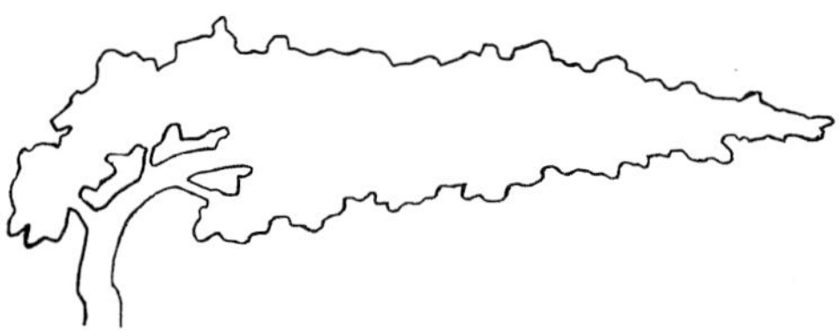

Diese Erziehungsform ist eine Variante des Kordons und wird häufig dazu genutzt, niedrige, Früchte tragende Einfassungen von Rabatten in einem Obstgarten zu schaffen. Sie eignet sich ausschließlich für Veredelungsunterlagen mit geringer Wuchsleistung bei Apfelsorten. Schneiden Sie einen Jungbaum bis auf 30 Zentimeter über den Boden herunter. Biegen Sie den neuen Haupttrieb in die Waagerechte und leiten Sie ihn entlang eines Drahtes, der zwischen kurzen Pflöcken in 15 Zentimeter Abstand gespannt ist. Ist der Haupttrieb sehr biegsam, können Sie ihn möglicherweise in die Waagerechte leiten, ohne ihn zurückzuschneiden. Am Knie erscheinen häufig starkwüchsige Triebe. Vorteilhaft ist, wenn Sie diese noch im Sommer entfernen, so lange die Triebe krautig sind.

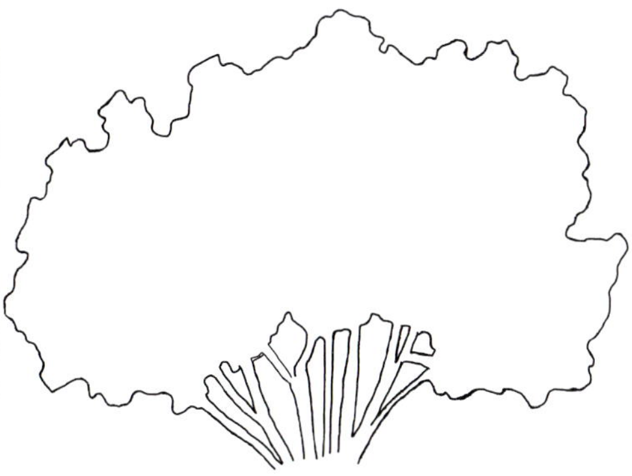

Busch- oder Straucherziehung

Diese mehrstämmige Form wird meistens bei Beerensträuchern ausgebildet, die in der Mehrzahl regelmäßig neue Zweige an der Basis austreiben. Das Ziel eines Schnittes ist es hier, in der Mitte eine gut durchlüftete Hohlkrone zu schaffen und regelmäßig die alten, weniger fruchtenden Zweige zu entfernen. Viele Beerenfrüchte in Buschform können auch als Kordon, Fächer oder als waagerechte Palmette gezogen werden – sei es am Mauerspalier oder als freistehendes Spalier. Ein radikaler, regelmäßiger Schnitt von Beerenbüschen ist im Allgemeinen nicht ratsam (außer bei Himbeeren), denn er führt zu einer Überzahl an schwachen Trieben, die nur mittelmäßig Blüte ansetzen und fruchten. Für eine genauere Beschreibung der Schnittmaßnahmen für jede Beerensorte siehe Seiten 83–99.

Erhaltungsschnitt und Pflege der Obstbaumformen

Regelmäßige Schnittmaßnahmen sind für den Erhalt der fertig erzogenen Pflanzen an ihrem Standort sehr wichtig und sichern ein optimales Ernteergebnis.

- Im Sommer schneiden Sie die neuen Triebe zurück, um die Form zu wahren und Sonne und Luft an die Früchte gelangen zu lassen.
- Bei Spalierpflanzen pinzieren Sie regelmäßig die ungünstig platzierten oder zur Mauer hin gerichteten Triebe. Kürzen Sie die zu lang geratenen Triebe ein, die das Erscheinungsbild der Pflanze stören.
- Nach der Ernte schneiden Sie die alten Zweige, die bereits Früchte getragen haben, auf ein oder zwei Blätter zurück und binden Sie die neuen, gut platzierten Triebe, die die alten ersetzen. Diese blühen und fruchten im folgenden Jahr.
- Im Winter lichten Sie überflüssige Triebe (solche die in die Kronen hineinwachsen, sich kreuzen, die scheuern, zu dicht stehen, zu ausladend sind, zu alt, unproduktiv oder erkrankt sind).
- Verbrennen Sie sämtliche Schnittreste, die Krankheitssymptome oder Insektenbefall zeigen. Geben Sie diese auf keinen Fall auf Ihren Komposthaufen!
- Gleichgültig, um welche Pflanze es sich auch handelt, Sie sollten Sie nach dem Schnitt großzügig gießen, einen der Sorte angepassten Dünger in die Erde einbringen und mulchen, damit die Feuchtigkeit im Boden gehalten wird. Auf diese Weise beschleunigen Sie die Erholung der Pflanze.

Kernobst

Quitte
Apfel ›Braeburn‹
Apfel ›Bramley's Seedling‹
Apfel ›Cox's Orange Pippin‹
Apfel ›Golden Delicious‹
Apfel ›Granny Smith‹
Apfel ›Newton Wonder‹
Tee-Apfel
Mispel
Birne ›Blush Flamingo‹
Birne ›Conférence‹
Birne ›Doyenné du Comice‹
Birne ›Packham's Triumph‹
Birne ›Williams Red‹

Quitte

Cydonia oblonga

Rosengewächse Rosaceae

Platzbedarf und Schnitt
5 m x 5 m; maßvoller und vorsichtiger Schnitt.

Resistenz
Je nach Sorte unterschiedlich frosthart.

Reifezeit
Mitte Oktober.

Ansprüche
Humoser Boden, gut durchlüftet, sonniger Standort.

Bestäubung
Selbstbefruchter.

Parasiten und Krankheiten
Blattfleckenkrankheit, Feuerbrand (meldepflichtig), Monilia, Bakterienbrand, Mehltau, San José-Schildlaus (meldepflichtig).

Empfehlenswerte Sorten
›Bereczkiquitte‹, ›Champion‹, ›Konstantinopeler‹, *Cyd. ob.* var. *maliformis*, ›Portugiesische Quitte‹, ›Riesenquitte von Leskovacz‹, ›Vranja‹.

Die Quitte ist eine große, wunderbar duftende Frucht, die etwa zehn Zentimeter Länge erreicht. Ihre feine, hellgelbe Schale weist in Stielnähe häufig bräunliche Flecken auf. Das Fruchtfleisch allerdings ist zu fest, um roh verzehrt zu werden, schmeckt aber gekocht, zum Beispiel als Gelee, kombiniert mit Apfel in einer Torte oder in einem Streuselkuchen umso köstlicher. Nach dem Pflücken halten sich die Früchte zwei bis drei Monate.

Die Pflanze

Das ursprünglich in Westasien (Persien) bis zum Balkan verbreitete Rosengewächs Quitte Cydonia oblonga wächst zu einem vier bis acht Meter hohen, sommergrünen Strauch oder kleinen Baum heran. Ihre reizenden, rosa überhauchten Blüten erreichen bis zu fünf Zentimeter im Durchmesser und blühen vergleichsweise spät – am Frühlingsende – zwischen und unter fertig ausgebildetem Laub aus dunkelgrünen Blättern, die auf der Unterseite weißfilzig sind. Diese prächtigen, dekorativen Pflanzen setzen einen verlockenden Akzent in einem Obstgarten aus Apfel- oder Birnbäumen. Quitten fruchten auch in kälteren Lagen gut, doch für eine optimale Reife brauchen ihre Früchte einen langen Sommer.

Schnitt und Erziehung

Es empfiehlt sich, die Kronenform der Quittengehölze an ihrem Standort als Gobelet zu erziehen und den Schnitt danach auf ein Mindestmaß zu reduzieren, da sie nur an den Zweigenden fruchten. Ein Auslichtungsschnitt ist erst nach fünf bis sechs Jahren, ein Kronenverjüngungsschnitt frühestens nach etwa zehn Jahren nötig. Lichten Sie die Kronen solcher Sorten, die durch hohe Fruchtproduktion zu schwer werden können. Um das Ausreifen der Früchte in den kälteren Regionen zu fördern, wird man die Pflanzen mit lockerer Krone entlang einer gut geschützten, sonnenbeschienenen Mauer führen. Für einen strengen Formschnitt jedoch eignen sich Quitten kaum.

Apfel ›Braeburn‹

Malus domestica

Rosengewächse Rosaceae

Platzbedarf und Schnitt
2,50 m bis 5 m x 2,50 m bis 5 m sowie je nach Erziehungsform.

Resistenz
Mäßig frosthart.

Reifezeit
Ende Oktober.

Ansprüche
Ertragreich, gut drainierter Boden; sonniger Standort.

Bestäubung
Selbstbefruchter.

Parasiten und Krankheiten
Starke Anfälligkeit für Schorf, Mehltau, Spinnmilben, Schäden durch Vögel, Apfelwickler, Stippigkeit des Apfels *(bitter pit)*, Monilia.

Gute Befruchtersorten
›Bascombe Mistery‹, ›Braeburn Hillwell‹, ›Clopton Red‹, ›Fred Web‹, ›Lewis's Incomparable‹, ›Pine Golden Pippin‹, ›Winter Majetin‹.

Der Apfel ›Braeburn‹ ist im gewerblichen Obstanbau aufgrund seiner Lagerfähigkeit eine beliebte, vergleichsweise neue Sorte. Anfang der 1950er-Jahre wurde sie in Neuseeland am Wegesrand entdeckt. Es wird vermutet, dass ›Cox Orange‹ ein Elternteil ist. Die Früchte sind mittelgroß bis groß, verführerisch grünlich gelb und mehr oder weniger dicht mit roten Streifen überzogen.

Die Pflanze

Der sommergrüne Baum ist in unseren Gärten noch selten zu finden. Das mag auch daran liegen, dass diese Sorte eine vergleichsweise lange Reifezeit beansprucht, eine Tatsache, die ihre Verwendung damit auf die milderen Lagen Mitteleuropas mit wenig Frost beschränkt. Die bisweilen zartrosa überhauchten, weißen Blüten erscheinen im Frühling und erreichen einen Durchmesser von etwa zweieinhalb Zentimetern. Die Blätter wachsen bis zu einer Länge von etwa neun Zentimetern.

Schnitt und Erziehung

Diese schwach bis mittelstark wachsende Sorte eignet sich am besten als Halbstamm und kann als Trichter- oder Hohlkrone, mit Längskrone oder am Spaliergerüst gezogen werden. Zunehmend wird sie auch als kleine Säulenkrone angeboten. Als Jungbaum bildet ›Braeburn‹ manchmal mehr als 15 Seitentriebe aus. Übernehmen Sie nur drei oder vier gut ausgerichtete Seitenzweige als Leittriebe zur Kronengerüstbildung. Zeigen hängende Fruchtäste nur wenig Neuzuwachs (weniger als ein Trieb auf 20 Zentimeter) sollten diese eingekürzt werden. Die Sorte neigt zu Fruchtholzansatz auf ganzer Zweiglänge. Bei reichlichem Fruchtbehang mit schweren Äpfeln können die schlanken Äste knicken oder abbrechen. Um die Stabilität zu verbessern und gleichzeitig einen guten Fruchtbehang zu ermöglichen, muss man die Fruchtholzbildung in der Nähe des Stammes oder stabiler Leitäste konzentrieren. Kürzen Sie während der Winterzeit die infrage kommenden Äste um ein bis zwei Drittel.

Apfel ›Bramley's Seedling‹

Malus domestica — Rosengewächse Rosaceae

Platzbedarf und Schnitt
2,50 m bis 5 m x 2,50 m bis 5 m sowie je nach Erziehungsform.

Resistenz
Sehr robust.

Reifezeit
Herbst.

Ansprüche
Humusreicher Boden, gut drainiert; sonniger Standort.

Bestäubung
Selbststeril.

Parasiten und Krankheiten
Vögel, Apfelwickler, Apfelschorf, Stippigkeit des Apfels *(bitter pit)*, Monilia.

Gute Befruchtersorten
›Golden Delicious‹, ›Golden Reinette‹, ›James Grieve‹, ›May Queen‹, ›Red Delicious‹, ›Spartan‹.

Die Apfelsorte ›Bramley's Seedling‹ ist in privaten Obstgärten ebenso häufig zu finden, wie sie im Handel erhältlich ist. Sie bildet große, wächsern glänzende, grüne, manchmal mit einem roten oder weinroten Backenfleck gezeichnete Früchte aus. Das Fruchtfleisch ist fest und grünlich weiß bis elfenbeinfarben. Der Apfel ist zu sauer, als dass man ihn in größeren Mengen roh verzehren könnte, ist jedoch zum Backen oder Kochen umso empfehlenswerter. Gekocht ist das Apfelfruchtfleisch von leichter, aromatischer Konsistenz und ergibt ein hervorragendes Kompott zu Schweinefleisch oder Wild. Auch zur Cidre- und Saftherstellung eignet sich diese Sorte ausgesprochen gut.

Die Pflanze

Diese 1809 in England aus einem Zufallssämling entstandene Apfelsorte mit kräftigem Wuchs ist ab Anfang Oktober pflückreif und kann ab November bis März verwendet werden. Im Frühling erscheinen kleine Sträußchen weißer, rosa überhauchter Blüten. Die Blätter sind neun Zentimeter lang. Dieser Apfelbaum gedeiht auch in raueren Regionen mit kalten Winterperioden.

Schnitt und Erziehung

Da diese Sorte recht kräfig wächst, eignet sie sich am besten als Halbstamm mit Gobeletkrone. Die Früchte konzentrieren sich häufig auf das Zweigende. Folglich wird dieser Apfel weniger als andere Sorten als Kordon, horizontale Palmette oder in ähnlichen Formen gezogen. Schneiden Sie jeden Winter einen Teil des alten Fruchtholzes zurück, um die Bildung neuer Triebe anzuregen.

Apfel ›Cox's Orange Pippin‹

Malus domestica

Rosengewächse Rosaceae

Platzbedarf und Schnitt
2,50 m bis 5 m x 2,50 m bis 5 m, je nach Erziehungsform.

Resistenz
Empfindlich.

Reifezeit
Herbst.

Ansprüche
Humusreicher Boden, gut drainiert; sonniger Standort.

Bestäubung
Selbststeril.

Parasiten und Krankheiten
Apfelwickler, Apfelschorf, Stippigkeit des Apfels *(bitter pit)*, Monilia usw.

Gute Befruchtersorten
›Beauty of Kent‹,
›Discovery‹,
›Falstaff‹,
›Golden Delicious‹,
›Worcester Pearmain‹.

›Cox's Orange Pippin‹ ist der Prototyp des klassischen Apfels. Die Schale der kleinen Früchte ähnelt häufig der einer matten Apfelsine, und das feste, cremefarbene Fruchtfleisch besitzt einen unverwechselbar aromatischen, süßlichen Geschmack, der sich durch Lagerung verbessert.
Die Äpfel sind von konischer Form und haben einen Durchmesser von bis zu fünf Zentimetern. Diese sehr populäre, aber recht empfindliche Sorte ist am besten bei erfahreneren Amateurgärtnern aufgehoben. Für die Obsterzeuger ist sie allerdings aufgrund ihrer Anfälligkeit für Krankheiten und Schädlinge weniger beliebt.

Die Pflanze

Diese alte Apfelsorte, die 1825 (in Buckinghamshire, England; Sämling des Ribston Pepping) aus Sämlingen des Züchters Richard Cox in Colnbrook Lawn selektiert wurde, besitzt einen ausladenden, mittelstarken Wuchs. Die mehr oder weniger rosa überhauchten, weißen Blüten von zweieinhalb Zentimetern Durchmesser überziehen das ganze Geäst ab Frühlingsmitte bis -ende. Die Blätter sind neun Zentimeter lang. Diese Varietät stellt recht hohe Ansprüche an Boden und Standort. Frische, humusreiche und sonnige Lagen sowie mildes Klima behagen diesem Baum.

Schnitt und Erziehung

›Cox's Orange Pippin‹ kann als Halbstamm, Gobelet, Kordon, als horizontale Palmette oder als Fächerspalier erzogen werden. Die Sorte trägt durchweg Früchte auf Kurztrieben. Um eine bessere Ernte zu gewährleisten und die Stabilität des Baumes zu verbessern, muss man die Fruchtholzbildung in der Nähe des Stammes oder kräftiger Leitäste konzentrieren. Kürzen Sie während der Winterzeit die infrage kommenden Äste um ein bis zwei Drittel der ursprünglichen Gesamtlänge ein. Im Frühjahr entwickeln sich auf den eingekürzten Seitentrieben die Fruchtholz-Kurztriebe. Altes Fruchtholz – kenntlich an der großen Anzahl abgetragener Kurztriebe – entfernen und einen geeigneten nachwachsenden Jungtrieb fördern.

Apfel ›Golden Delicious‹

Malus domestica

Rosengewächse Rosaceae

Platzbedarf und Schnitt
2,50 m bis 5 m x 2,50 m bis 5 m, je nach Erziehungsform.

Resistenz
Sehr robust.

Reifezeit
Herbst.

Ansprüche
Humusreicher Boden, gut drainiert; sonniger Standort.

Bestäubung
Selbststeril.

Parasiten und Krankheiten
Apfelwickler, Apfelschorf.

Gute Befruchtersorten
›Chelmsford Wonder‹, ›Golden Reinette‹, ›Grenadier‹, ›James Grieve‹, ›Red Delicious‹.

Eine sehr bekannte Sorte. Das knackige, blässlich primelgelbe Fruchtfleisch schmeckt süßlich mit honigartigem Bukett, das zuweilen fast parfümiert duftet. Die Schale der jungen Früchte ist frischgrün und verfärbt sich im reifen Zustand in ein sattes Gelb. Die etwa sieben Zentimeter großen Früchte sind rundlich, konisch oder länglich. Diese Sorte ist sehr beliebt. Die Früchte sind roh oder gekocht zu genießen und halten sich noch mehrere Monate nach der Ernte. Werden sie jedoch zu früh geerntet, schmecken sie fade.

Die Pflanze

Die wirtschaftlich bedeutende Sorte ›Golden Delicious‹ wurde 1890 in den USA als Ergebnis eines Zufallssämlings entdeckt. Die besten Früchte erntet man in Regionen mit mildem Klima und leichten Winterfrösten. Die weißen, rosa überhauchten Blüten haben einen Durchmesser von etwa zweieinhalb Zentimetern und blühen im Frühling. Die Länge des Laubblattes beträgt etwa neun Zentimeter.

Schnitt und Erziehung

Diese Apfelvarietät erlaubt aufgrund ihrer recht kräftigen Wuchseigenschaften ausgebreitete Kronenvarianten, wie zum Beispiel eine Erziehung als Halbstamm, Gobelet, horizontaler Kordon, horizontale Palmette oder als Fächer. Sie bildet Kurztriebe auf ganzer Länge des Fruchholzes. Um eine bessere Ernte zu gewährleisten und die Stabilität des Baumes zu verbessern, muss man die Fruchtholzbildung in Stammnähe oder auf kräftige Leitäste konzentrieren. Schneiden Sie während der Winterzeit die infrage kommenden Äste um ein bis zwei Drittel der ursprünglichen Gesamtlänge zurück. Im Frühjahr entwickeln sich auf den eingekürzten Seitentrieben die Fruchtholz-Kurztriebe. Altes Fruchtholz – kenntlich an der großen Anzahl abgetragener Kurztriebe – entfernen und einen geeigneten nachwachsenden Jungtrieb fördern.

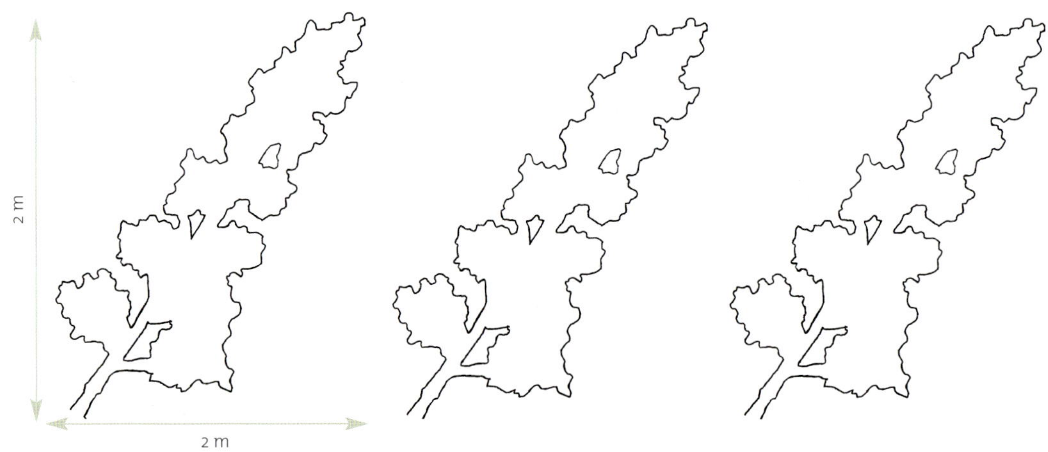

Apfel ›Granny Smith‹

Malus domestica

Rosengewächse Rosaceae

Platzbedarf und Schnitt
2,50 m bis 5 m x 2,50 m bis 5 m, je nach Erziehungsform.

Resistenz
Sehr robust.

Reifezeit
Herbst.

Ansprüche
Humusreicher Boden, gut drainiert; sonniger Standort.

Bestäubung
Selbstbefruchter.

Parasiten und Krankheiten
Apfelwickler, Apfelschorf, Stippigkeit des Apfels *(bitter pit)*, Monilia.

Gute Befruchtersorten
›Charlotte‹,
›Golden Delicious‹,
›Greensleeves‹,
›James Grieve‹,
›Jonathan‹,
›Sunset‹.

Diese weltweit sehr häufig angebaute Sorte ist trotz ihres ausgeprägt sauren Geschmacks ausgesprochen beliebt. Der Apfel besitzt sehr festes Fruchtfleisch und eine glänzende, glatte, grasgrüne, leicht heller gesprenkelte Schale. Die konische Apfelfrucht erreicht etwa sieben Zentimeter Durchmesser. ›Granny Smith‹ kann nach der Ernte ab Ende Oktober bis zum Frühling gelagert werden – einer der Hauptgründe für seinen Erfolg bei den Obsterzeugern.

Die Pflanze

Von dieser 1868 in Australien aus einem Zufallssämling hervorgegangenen Apfelzüchtung nimmt man an, dass es sich um die Hybride mit einem Holzapfel *Malus sylvestris* handelt. In Europa wurde dieser Apfel erst ab 1950 als Importfrucht bekannt. ›Granny Smith‹ fordert einen sehr warmen Platz. Die schönen, rosa überschlagenen, weißen Blütenbüschel von zweinhalb Zentimetern Duchmesser erscheinen im Frühling. Die Laubblätter sind etwa neun Zentimeter lang. Zur Erntereife benötigt dieser Apfel einen langen Wachstumszeitraum.

Schnitt und Erziehung

›Granny Smith‹ erlaubt wegen seiner mittelstarken bis kräftigen Wuchseigenschaften ausladendere Varianten der Kronenerziehung, wie zum Beispiel als Halbstamm, Gobelet, horizontaler Kordon, horizontale Palmette oder als Fächer. Der Baum bildet Kurztriebe auf ganzer Länge des Fruchholzes aus. Um eine bessere Ernte zu gewährleisten und die Stabilität des Baumes zu verbessern, muss man die Fruchtholzbildung in Stammnähe oder auf kräftige Leitäste konzentrieren. Kürzen Sie während der Winterzeit die infrage kommenden Äste um ein bis zwei Drittel der ursprünglichen Gesamtlänge ein. Im Frühjahr entwickeln sich auf den gestutzten Seitentrieben die Fruchtholz-Kurztriebe. Altes Fruchtholz – kenntlich an der großen Anzahl abgetragener Kurztriebe – entfernen und einen geeigneten nachwachsenden Jungtrieb fördern.

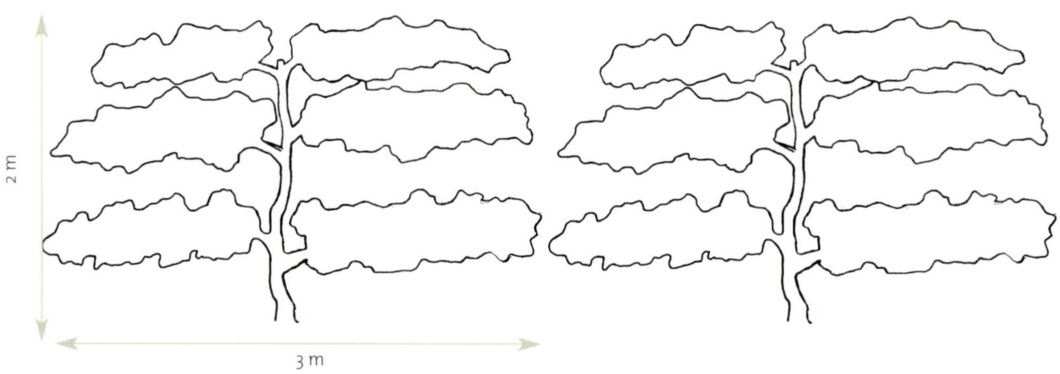

Apfel ›Newton Wonder‹

Malus domestica

Rosengewächse Rosaceae

Platzbedarf und Schnitt
2,50 m bis 5 m x 2,50 m bis 5 m, je nach Erziehungsform.

Resistenz
Sehr robust.

Reifezeit
Herbst.

Ansprüche
Humusreicher Boden, gut drainiert; sonniger Standort.

Bestäubung
Teilweise Selbstbefruchter.

Parasiten und Krankheiten
Apfelwickler, Apfelschorf, Stippigkeit des Apfels *(bitter pit)*, Monilia.

Gute Befruchtersorten
›Encore‹,
›Fiesta‹,
›Golden Delicious‹,
›Grenadier‹,
›Merton Beauty‹.

Diese alte Sorte dankt einen regelmäßigen Schnitt mit guten Ernteergebnissen. Die Früchte erreichen einen Durchmesser von siebeneinhalb Zentimetern. Ihre lebhafte Gelbfärbung wird von breiten, scharlachroten Bänderungen durchbrochen. Frisch gepflückt ist ›Newton Wonder‹ ein hervorragender Tafelapfel mit frischem, säuerlichem Aroma. Während der Lagerung entwickelt dieser Apfel einen zarteren Geschmack und kann den ganzen Winter gegessen werden. Dieser Baum ist eine verlässliche Gartensorte. Die Frucht liefert überdies hervorragenden Saft.

Die Pflanze

Diese 1870 entdeckte Sorte baut als Hochstamm eine breite Krone auf. Die hübschen, rosaweißen Blütenbüschel von zweieinhalb Zentimetern Durchmesser erscheinen im Frühling. Die kräftiggrünen Laubblätter sind etwa neun Zentimeter lang. Erstaunlicherweise fruchtet diese Sorte auch in kalten Regionen mit starken Frösten reichlich.

Schnitt und Erziehung

Es empfiehlt sich, diesen Apfelbaum als Gobelet, Hochstamm oder Halbstamm, als horizontalen Kordon oder als Fächer zu erziehen. Im Winter kürzt man die Leittriebe eines jungen Baumes oder eines Gobelets ein, um die Produktion des Fruchtholzes anzuregen. Im nachfolgenden Winter schneidet man das Fruchtholz um zwei Drittel oder drei Viertel zurück, um die Bildung von Kurztrieben zu fördern. Bei älteren Bäumen kann es sich unter anderem als notwendig erweisen, ganze Zweige (oder Zweigpartien) zurückzuschneiden, um eine Überladung der Krone zu vermeiden. Die Formbäume werden im Sommer geschnitten, um ihr Wachstum zu regulieren.

Tee-Apfel

Malus hupehensis Rosengewächse Rosaceae

Platzbedarf und Schnitt
10 m x 8 m.

Resistenz
Sehr robust.

Reifezeit
Herbst.

Ansprüche
Humusreicher Boden, gut drainiert; sonniger Standort.

Bestäubung
Selbstbefruchter.

Parasiten und Krankheiten
Feuerbrand, Apfelschorf, Mehltau.

Weitere Zieräpfel
›*M. coronaria* var. *dasycalyx*‹, ›Charlottae‹, *M.* ›John Downie‹, *M. tschonoskii*, *Malus x zumi* ›Golden Hornet‹.

Die kleinen roten Früchte dieses Zierapfels werden auch im reifen Zustand kaum größer als ein Zentimeter, färben sich gelb, dann orange und sind schließlich mit ihren roten bis purpurroten Früchten Kirschen täuschend ähnlich. Selbst im reifen Zustand sind sie roh nicht genießbar. Haben die Früchte Frost abbekommen, lassen sie sich jedoch anderen Obstkonservenfrüchten beimischen. Als Zierbaum bietet dieser Apfelbaum zweimal im Jahr einen bezaubernden Anblick – im Frühjahr mit seiner rosa bis weißen Blütenpracht und im Herbst mit lebhaft gefärbten Früchten und Laub. Überdies dient er im Obstgarten als guter Befruchter für Kulturapfelsorten.

Die Pflanze

Der Tee-Apfel stammt aus China und dem Assamgebiet. Die sommergrüne Art bildet eine kräftige, breit ausladende Krone aus und erreicht zuweilen sechs bis neun Meter Höhe. Er gedeiht auch in kaltem Klima. Die hübschen, anfänglich rosafarbenen, im aufgeblühten Zustand weißen, etwa zweieinhalb Zentimeter großen Blüten öffnen sich ab Frühlingsmitte bis zum Frühlingsende. Die dunkelgrünen Laubblätter erreichen zehn Zentimeter Länge und verfärben sich im Herbst rot und gelb. Die Sorte ›Rosea‹ zeigt rosa Blüten und gelbe, gelegentlich rot überhauchte Früchte. Diese Art ist wie die meisten Zierapfelarten robust. Leider gilt der Tee-Apfel als recht anfällig für Feuerbrand.

Schnitt und Erziehung

Der Tee-Apfel entwickelt von selbst eine schöne Krone. Es empfiehlt sich aus diesem Grund, diese so wenig wie möglich zu beschneiden. Das Bäumchen bildet auch ohne Ihre Unterstützung einen Leittrieb aus. In den ersten Jahren nach dem Einpflanzen fördern Pfahlstützen die ungestörte Ausbildung einer formschönen Krone und Baumgestalt. Von strengen Formschnitten wird abgeraten.

Mispel

Mespilus germanica

Rosengewächse Rosaceae

Platzbedarf und Schnitt
6 x 8 m.

Resistenz
Sehr robust.

Reifezeit
Herbst.

Ansprüche
Humusreicher Boden, gut drainiert; sonniger bis halbschattiger Standort.

Bestäubung
Selbstbefruchter.

Parasiten und Krankheiten
Keine nennenswerten Krankheiten.

Empfehlenswerte Sorten
›Dutch‹, ›Nottingham‹, ›Royal‹, ›Stoneless‹, ›Ungarische‹.

Die Mispel ist eine seltsame Frucht von fünf Zentimeter Durchmesser. Die Frucht ist zum Zeitpunkt der Ernte (wenn die Blätter abfallen), also zwischen Herbstmitte und -ende, extrem hart. Sie muss zwei bis vier Wochen gelagert werden, damit das Fruchtfleisch eine weiche Konsistenz entwickelt; diese Phase im Reifungsprozess erhöht ihren Zuckergehalt und löst Säuren und Tannine auf.

Die Pflanze

Dieses von den Römern in Mitteleuropa eingeführte, seit 3000 Jahren kultivierte Kernobstgewächs ist ein kleiner sommergrüner Baum oder Strauch und entwickelt meist eine ausgesprochen ausladende Krone. Anders als es der lateinische Name vermuten lässt, stammt sie nicht aus Mitteleuropa. Trotz der langen Tradition der Mispel als Kulturpflanze sind nur vergleichsweise wenige Sorten bekannt geworden. Und auch diese Varietäten erinnern noch stark an Wildobst. Das natürliche Verbreitungsgebiet ist der Südosten Europas und reicht bis Südwestasien. Die besten Ergebnisse erzielt man in Regionen mit kalten Winterperioden. Die weißen, alleinstehenden Blüten der Mispel sind mit fünf Zentimeter Durchmesser erstaunlich groß und sehr grazil, verstecken sich aber am Frühlingsende häufig unter dem bereits ausgetriebenen grünen Laub. Die Laubblätter werden bis zu 15 Zentimeter lang und verfärben sich im Herbst spektakulär. Übrigens: Die Mispelfrucht besitzt eine entzündungshemmende Wirkung.

Schnitt und Erziehung

Je weniger man eine Mispel schneidet, desto besser trägt sie. Die jungen Bäume erfordern eine Stützhilfe. Nach drei bis fünf Jahren können niedrigere Äste entfernt werden, möchte man darunter Platz schaffen. Müssen störende Äste (zu dicht, überkreuzend) entfernt werden, ist diese Arbeit auf den Winter zu verlegen. Die Früchte bilden sich auf Kurztrieben, die sich natürlich entwickeln, ohne einen speziellen Schnitt zu erfordern.

Birne ›Blush Flamingo‹

Pyrus communis | Rosengewächse Rosaceae

Synonym: ›Flamingo Blush‹

Platzbedarf und Schnitt
2 m bis 6 m x 2 m bis 6 m, je nach Veredelungsunterlage und Erziehung.

Resistenz
Robust.

Reifezeit
Herbst.

Ansprüche
Humusreicher Boden, gut drainiert; sonniger Standort. Vor Spätfrösten schützen.

Bestäubung
Die Kreuzbestäubung ist für ein erfolgreiches Fruchten unerlässlich.

Parasiten und Krankheiten
Birnenpockenmilbe, Birnenschorf, Monilia.

Gute Befruchtersorten
›Bon Rouge‹, ›Forelle‹.

Diese moderne Birnensorte zeigt schöne gelbe und korallenrote Früchte mit klassisch-eleganter Birnenform, die etwa zehn Zentimeter lang werden. Das weiße, zarte Fruchtfleisch schmeckt mild-süßlich. Diese Birne verträgt den Transport sehr gut. Das ist auch der Grund, weshalb sie besonders intensiv in der Südhemisphäre zu Exportzwecken angebaut wird.

Die Pflanze

›Blush Flamingo‹ ist eine südafrikanische Hybridzucht aus ›Bon Rouge‹ und ›Forelle‹ und wurde in den 90er-Jahren des letzten Jahrhunderts in Europa eingeführt. Die rosafarbenen Knospen öffnen sich zu weißen Blüten von einem Durchmesser von etwa drei Zentimetern. Die speckig glänzenden, ovalen Laubblätter sind bis zu acht Zentimeter lang. Dieser Birnbaum liefert auf schwachwüchsigen Veredelungsunterlagen die ergiebigsten Erträge in Regionen, deren Sommer sehr warm und lang sind.

Schnitt und Erziehung

Fächerspalier und horizontaler Kordon auf schwachwüchsiger Veredelungsunterlage sind die idealen Erziehungsformen für diese Sorte. An diesem Birnbaum tragen nur die Kurztriebe Früchte, die sich auch von selbst bilden. Man wird eine reichliche Fruchtholzbildung durch einen klassischen Pflegeschnitt anregen, indem man die Zweige, die sich aus den Leittrieben im Sommer entwickelt haben, bis auf drei Laubblätter einkürzt. Behalten Sie im Sommer nur eine Frucht von zehn, um die Kraft auf gesunde und schöne Früchte zu konzentrieren. Entfernen Sie auch Laub, damit die heranreifenden Früchte nicht beschattet werden. Nur bei direkter Sonneneinwirkung entwickelt das Fruchtfleisch sein volles Aroma und die Fruchtschale ihre schöne Färbung. Zu dichter Kurztriebbesatz muss im Winter reduziert werden.

Birne ›Conférence‹

Pyrus communis

Rosengewächse Rosaceae

Platzbedarf und Schnitt

2 m bis 6 m x 2 m bis 6 m, je nach Veredelungsunterlage und Erziehung.

Resistenz

Robust.

Reifezeit

Herbst.

Ansprüche

Humusreicher Boden, gut drainiert; sonniger Standort. Vor Spätfrösten schützen.

Bestäubung

Die Kreuzbestäubung ist für ein erfolgreiches Fruchten unerlässlich.

Parasiten und Krankheiten

Birnenpockenmilbe, Birnenschorf, Feuerbrand, Monilia.

Gute Befruchtersorten

›Beth‹, ›Invincible‹, ›Packham's Triumph‹, ›Sensation‹, ›Williams' Bon Chrétien‹.

›Conférence‹ gehört zu den Birnensorten, die weltweit kultiviert werden. Sie besitzt eine raue, sich schorfig anfühlende Schale mit matt grünen, bronzefarbenen und braun-rostroten Flecken unterschiedlicher Größe. Die länglichen Birnenfrüchte erreichen eine Länge von zehn Zentimetern. Ihr cremefarbenes Fruchtfleisch ist fest, saftig und gut ausgereift wunderbar süß.

Die Pflanze

Diese Tafelbirne von 1895 wurde vom englischen Baumschulgärtner Thomas Rivers gezüchtet. Der vergleichsweise kompakte Baum ist extrem ertragreich, vorausgesetzt es ist ein geeigneter Befruchterbaum in der Nähe. Zuweilen wird behauptet, dass diese Birnensorte sich auch selbst befruchtet, doch der Fruchtbehang isoliert gedeihender Birnenbäume fällt nach unserer Erfahrung recht enttäuschend aus. Die weißen, circa drei Zentimeter großen Blüten mit rosa Staubgefäßen öffnen sich ab Frühlingsmitte, noch bevor die glatten, ovalen und spitzen Blätter ihre volle Länge von acht Zentimetern erreicht haben. ›Conférence‹ ist einer der Birnbäume, die besser an kalte Regionen angepasst sind, denn die Blüten halten auch Spätfrösten relativ gut stand.

Schnitt und Erziehung

Wie die meisten Birnen produziert auch diese Sorte ihre Früchte auf Kurztrieben. Sie eignet sich ausgezeichnet für den Formholzschnitt. Die Erziehungsform, die am besten zu ihrem natürlichen Wuchs passt, ist die Pyramidenkrone. Sie lässt sich aber auch als Gobelet oder Hochstamm gestalten. In kalten Lagen wird man diese Sorte an einer warmen Mauer oder Hauswand ziehen – zum Beispiel als horizontalen Kordon, als Fächer oder als horizontale Palmette. Um die Fruchtholzbildung anzuregen, müssen die Zweige, die sich aus den Leittrieben im Sommer entwickelt haben, bis auf drei Laubblätter eingekürzt werden.

Birne ›Doyenné du Comice‹

Pyrus communis

Rosengewächse Rosaceae

Synonym: ›Vereinsdechantsbirne‹

Platzbedarf und Schnitt
3 m bis 6 m x 3 m bis 6 m, je nach Veredelungsunterlage und Erziehung.

Resistenz
Robust, mäßig frostempfindlich.

Reifezeit
Herbst.

Ansprüche
Humusreicher Boden, gut drainiert; sonniger Standort. Schutz vor Spätfrösten und jährliches Mulchen zur Verbesserung der Bodenfruchtbarkeit.

Bestäubung
Kreuzbestäubung ist Voraussetzung für reichlichen Fruchtbehang. Neigt zur Selbstbefruchtung.

Parasiten und Krankheiten
Birnenpockenmilbe, kaum Schorf, Feuerbrand, Monilia, Viren.

Gute Befruchtersorten
›Concorde‹,
›Conférence‹,
›Harrow Delight‹,
›Packham's Triumph‹,
›Williams' Bon Chrétien‹.

Die ›Doyenné du Comice‹ ist eine der köstlichsten November-Dessertbirnen und gleichermaßen beliebt bei Amateur- wie auch bei Erwerbsgärtnern. Die großen, klobig-rundlichen Früchte erreichen eine Länge von zehn Zentimetern. Die dicke, blassgrüngelbe Schale ist rötlich bronze gesprenkelt und manchmal rötlich getönt. Das sahniggelbe, sehr saftige und weiche Fruchtfleisch schmeckt köstlich süß und verbreitet ein wunderbar duftendes Aroma.

Die Pflanze

Diese 1849 von der Horticole Comice in Anger, Frankreich, eingeführte Sorte wird zwischenzeitlich weltweit angebaut. Die Birne verlangt eine warme und geschützte Lage, um eine befriedigende Ernte zu liefern. Sie eignet sich also ideal, um ein Fächerspalier an einer warmen, geschützen Mauer oder Hauswand zu erziehen. Sie ist ein kompakter, aufrecht wachsender Baum mit dennoch ausladender Krone, an dem sich im Frühling weiße Blüten von ungefähr drei Zentimeter Durchmesser aus rosa überhauchten Knospen öffnen. Die glatten Blätter sind oval und spitz (bis zu acht Zentimeter lang). Die Kultur ist anspruchsvoller und schwieriger als bei der Mehrzahl der anderen verbreiteten Birnensorten.

Schnitt und Erziehung

Obwohl ihr hochpyramidaler Wuchs eine Erziehung als Gobelet, Hochstamm oder als Pyramide zulässt, eignet sich diese Sorte wegen ihrer mäßigen Frostempfindlichkeit in weniger begünstigten Lagen als Spalier (Fächer, Teufelspalmette) an einer warmen Mauer. Der Wuchs ist mittel bis kräftig, die Gerüstäste sind schräg bis steil, und der Baum neigt zu mittlerer bis guter Verzweigung. Erziehungsschnitte erfolgen während der Aufbauphase mittellang bis lang, keinesfalls zu kurz, um das Fruchtholz zu fördern. Das Fruchtholz (zumeist Kurztriebe wie Fruchtspieß, Fruchtrute usw.) bildet sich in der Regel von selbst. Allerdings lässt sich dies etwa im Juli durch einen Stummelschnitt anregen, das heißt, wenn der Trieb bis auf drei Blätter eingekürzt wird. Zu dichten Fruchtbehang ebenfalls im Sommer ausdünnen. Entstehen zu viele Kurztriebe, sind sie im Winter zu reduzieren.

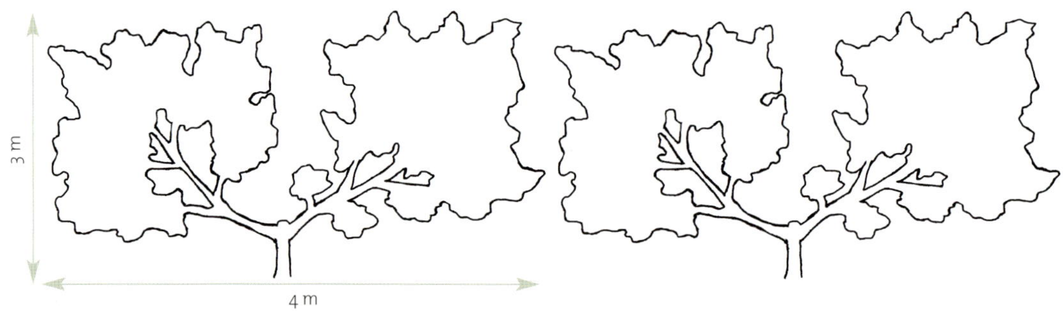

Birne ›Packham's Triumph‹

Pyrus communis

Synonym: ›Packham‹

Rosengewächse Rosaceae

Platzbedarf und Schnitt

2 m bis 6 m x 2 m bis 6 m, je nach Veredelungsunterlage und Erziehung.

Resistenz

Sehr robust.

Reifezeit

Herbst.

Ansprüche

Humusreicher Boden, gut drainiert; sonniger Standort. Schutz vor Spätfrösten.

Bestäubung

Kreuzbestäubung ist Voraussetzung für reichlichen Fruchtbehang. Neigt aber auch zur Selbstbefruchtung.

Parasiten und Krankheiten

Birnenpockenmilbe, Birnenschorf, Bakterienbrand, Monilia.

Gute Befruchtersorten

›December‹, ›Joséphine de Malines‹, ›Rosemarie‹, ›Williams' Bon Chrétien‹, ›Winter Nelis‹.

›Packham's Triumph‹ ist eine mittelgroße, leicht beulige Winterbirne, die bis zu zehn Zentimeter lang werden kann. Die grünliche, später zitronengelbe Schale zeigt über die ganze Frucht verteilte Rostpunkte. Ihr sahnigweißes, feines Fruchtfleisch ist zartschmelzend, sehr saftig und feinsäuerlich mit einem leicht muskatartigen Duft, der an ein Elternteil, die ›Williams Christ‹-Birne erinnert. Liebhaber als auch professionelle Gärtner schätzen die Frucht, weil sie sich gut lagern lässt. Ernten Sie die Frucht sechs bis zehn Wochen vor dem Verzehr. Sie schmeckt gekocht ebenfalls köstlich.

Die Pflanze

Die Sorte ›Packham's Triumph‹ entstand in Australien aus einer Kreuzung von ›Uvedale St. Germain‹ x ›Williams Christ‹-Birne etwa um 1896. Die Wuchsfreude dieser reich fruchtenden Birnbaumsorte ist eher zurückhaltend. Sie bildet jedoch starke Triebe aus und schätzt eine warme und geschützte Lage. Die weißen Blüten mit rosa Staubblättern haben einen Durchmesser von ungefähr drei Zentimetern und erscheinen ab Mitte des Frühlings. Die speckig glänzenden, ovalen und spitz zulaufenden Laubblätter werden bis zu acht Zentimeter lang.

Schnitt und Erziehung

Obwohl diese Pflanze auch als Pyramide, Gobelet oder Hochstamm erzogen werden kann, passt sich ihr natürlicher Wuchs sehr gut an eine Erziehung als Längskrone an, etwa in Form eines horizontalen Kordons, eines Fächers oder einer horizontalen Palmette. Die Fruchtholzbildung wird etwa um den Monat Juli herum durch einen Stummelschnitt angeregt, indem man den diesjährigen Trieb bis auf drei Blätter einkürzt. Zu dichten Fruchtbehang ebenfalls im Sommer ausdünnen. Übermäßige Kurztriebgarnierung wird im Winter reduziert.

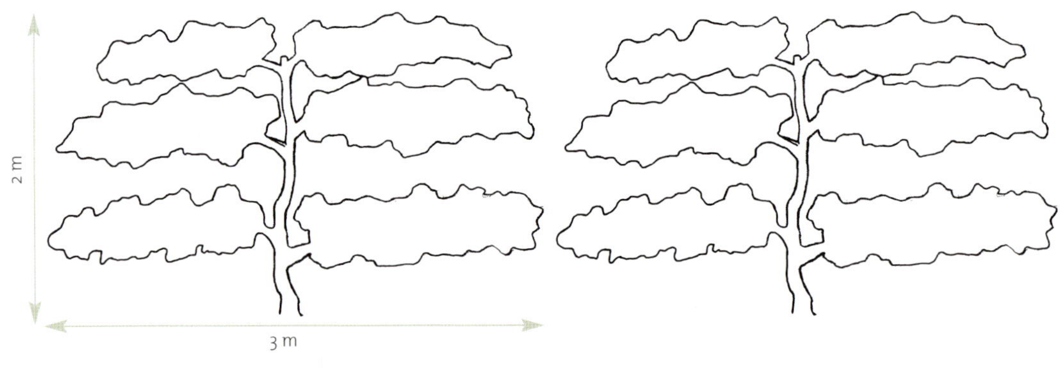

Birne ›Williams Red‹

Pyrus communis
Synonym: ›Sensation‹

Rosengewächse Rosaceae

Platzbedarf und Schnitt
2 m bis 6 m x 2 m bis 6 m, je nach Veredelungsunterlage und Erziehung.

Resistenz
Robust.

Reifezeit
Sommerende.

Ansprüche
Humusreicher Boden, gut drainiert; sonniger Standort. Schutz vor Spätfrösten.

Bestäubung
Neigt zur Selbstbefruchtung. Für einen reichlichen Fruchtbehang ist Kreuzbestäubung erforderlich.

Parasiten und Krankheiten
Birnenpockenmilbe, Birnenschorf, Bakterienbrand, Monilia.

Gute Befruchtersorten
›Beth‹,
›Conférence‹,
›Doyenné du Comice‹,
›Invincible‹,
›Williams' Bon Chrétien‹.

Diese Birnensorte entstammt einem sogenannten »Sport«, das heißt, einer Spontanmutation ohne äußere Ursache von ›Williams' Bon Chrétien‹. Die reifen, glänzenden Früchte sind lebhaft rot (zehn Zentimeter lang), das Fruchtfleisch ist cremeweiß und schmelzend saftig. Gegen Ende des Sommers werden die Früchte geerntet und müssen sechs bis acht Wochen nachreifen. Erst dann wird Ihre Geduld belohnt.

Die Pflanze

Die Sorte ›Williams Red‹ gedeiht optimal in frischen, mäßig temperierten Lagen und neigt zu mittlerem, ausgebreitetem Wuchs. Im Frühjahr öffnen sich weiße Blüten mit rosa Staubgefäßen mit einem Durchmesser von drei Zentimetern. Die glatten, ovalen und spitz zulaufenden Laubblätter sind bis zu acht Zentimeter lang. ›Williams Red‹ trägt die Früchte nur kurze Zeit. Sie müssen rechtzeitig gepflückt werden, bevor sie faulen.

Schnitt und Erziehung

Als Rundkrone lässt sich diese Sorte als Pyramide, als Gobelet oder als Hochstamm ziehen. Als Längskrone ist ein horizontaler Kordon, eine horizontale Palmette oder ein Fächer möglich. Ist die Krone fertig entwickelt, wird die Fruchtholzbildung im Juli durch einen Stummelschnitt angeregt: Der diesjährige Trieb wird bis auf drei Blätter eingekürzt. Zu dichten Fruchtbehang ebenfalls im Sommer ausdünnen. Zu reichliche Kurztriebgarnierung wird im Winter reduziert.

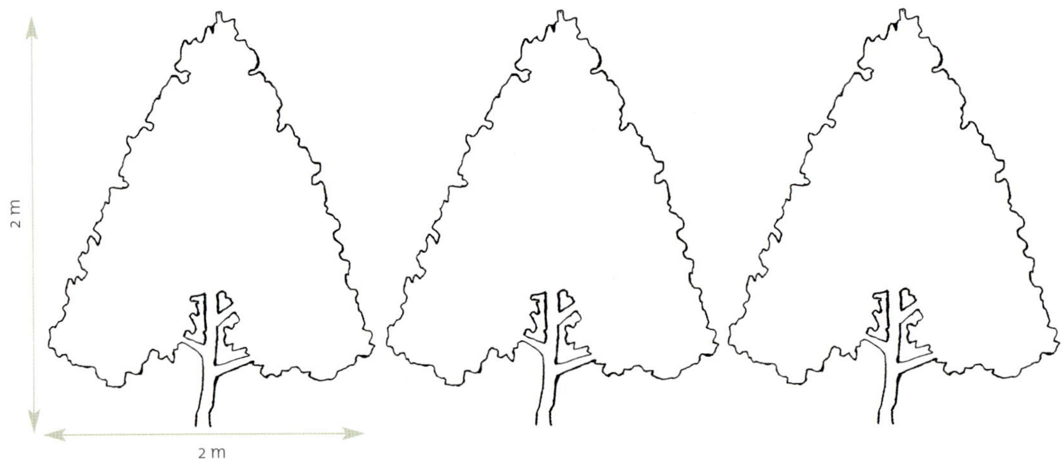

Steinobst

Aprikose
Kirsche
Pflaume (blaue Pflaumen)
Pflaume (grüne und gelbe Pflaumen)
Pflaume (Reneklode)
Pfirsich (gelbfleischige Pfirsiche)
Pfirsich (weißfleischige Pfirsiche)
Nektarine

Aprikose

Prunus armeniaca

Rosengewächse Rosaceae

Platzbedarf und Schnitt
4 m x 2,50 m oder mehr. Weniger am Gerüst.

Resistenz
Sehr robust; Blüten vor Spätfrost schützen.

Reifezeit
Sommerende.

Ansprüche
Die meisten Sorten sind wärmeliebend und gedeihen auf gut drainiertem, fruchbarem Boden und auf vollsonnigem, geschütztem Standort.

Bestäubung
Selbstbefruchter.

Parasiten und Krankheiten
Bakterienbrand, Monilia, Gummifluss.
Im Gewächshaus: Gemeine Spinnmilbe, Schildlaus und verschiedene Pilzkrankheiten.

Empfehlenswerte Sorten
›Garden Aprigold‹,
›Goldcot‹,
›Golden Glow‹,
›Hargrand‹,
›Moorpark‹,
›Nancyaprikose‹.

In voller Reife erreichen die sattapricotfarbenen, ovalen, ungefähr fünf Zentimeter langen Früchte einen süßlichen, feinsäuerlichen Geschmack mit einem unverwechselbaren Aroma, das sich am besten entfaltet, wenn die Frucht direkt vom Baum geerntet wird. Der Stein löst sich leicht vom orangefarbenen, saftigen Fruchtfleisch, das bei Überreife oft etwas mehlig wird.

Die Pflanze

Der bis zu sieben Meter hohe Aprikosenbaum stammt nicht aus Armenien, wie der lateinische Name vermuten lässt, sondern aus China und der Mongolei, von wo er vor etwa tausend Jahren über den Vorderen Orient nach Europa kam. Die weißen bis blassrosafarbenen Blüten des sommergrünen Baumes messen etwa vier Zentimeter im Durchmesser und sind je nach Sorte unterschiedlich frost- und regenhart. Sie öffnen sich ab Ende des Winters bis zum Frühling auf den unbelaubten Zweigen. Die Laubblätter sind schwach herzförmig und bis zu zwölf Zentimeter lang. Die meisten Sorten verlangen eine lange, warme Vegetationsperiode. Spätfröste gefährden die Ernte. Unter klimatisch weniger günstigen Bedingungen empfiehlt sich die Spaliererziehung an einer geschützten Hauswand oder in einem unbeheizten Glashaus (Kalthaus, Wintergarten).

Schnitt und Erziehung

Ende Februar bis März ist Schnittsaison für den Kronenaufbau der Aprikosenbäume. In milderen Lagen lässt sich die Aprikose als Rundkrone erziehen; das heißt, über einem mindestens 75 Zentimeter hohen Stamm befinden sich drei bis vier Leitäste samt Fruchtastgarnitur. Achten Sie besonders auf eine gute Verteilung der Leitäste. In den ersten Jahren erfolgt ein kräftiger Rückschnitt der nicht benötigten längeren Triebe, um die Ausbildung seitlicher Fruchtäste zu fördern. Bei zu reichlichem Fruchtansatz empfiehlt sich die Fruchtausdünnung im Sommer. Triebe, die die Früchte beschatten, müssen entfernt werden. Sehr einfach gestaltet sich der Fruchtholzschnitt: Da die Aprikose nur an einjährigen Trieben fruchtet, sind diese nach der Ernte zu kappen.

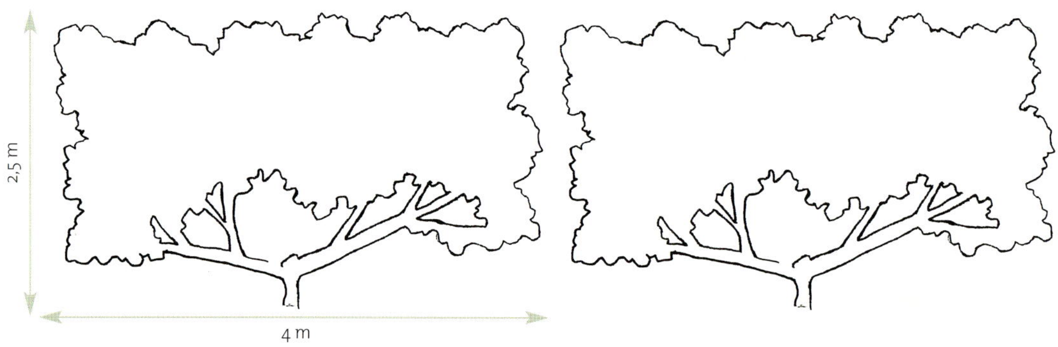

Kirsche

Prunus avium

Rosengewächse Rosaceae

Platzbedarf und Schnitt
7,50 m x 7,50 m, weniger als Fächerspalier.

Resistenz
Sehr robust bis robust, je nach Sorte.

Reifezeit
Den ganzen Sommer, je nach Sorte.

Ansprüche
Guter, humusreicher Boden; sonniger Standort; zu wenig Sonne führt zum völligen Ausfall der Ernte.

Bestäubung
Selbstbefruchter oder prinzipiell selbststeril (je nach Sorte).

Parasiten und Krankheiten
Vögel, Schwarze Kirschen-Blattlaus, Kl. Frostspanner, Monilia, Silberblattkrankheit, Bakterienbrand.

Empfehlenswerte Sorten
›Bigarreau Napoléon‹,
›Early Rivers‹,
›Hertford‹,
›Merchant‹,
›Stella‹ (Selbstbefruchter).

Viele Kirschbäume sind nicht untereinander kompatibel. Wenn Sie Raum für nur einen Baum haben, müssen Sie eine Selbstbefruchtersorte wählen. Sauerkirschen *Prunus cerasus* sind kleinere Gehölze und in der Mehrzahl Selbstbefruchter; sie können gleichzeitig blühende Süßkirschensorten *(Prunus avium)* bestäuben. Die sauren Früchte eignen sich nur zum Kochen oder Konservieren.

Die Pflanze

Viele Kirschensorten wachsen zu vergleichsweise großen Bäumen heran – es sei denn, sie sind auf schwachwüchsigen Unterlagen wie Weiroot Klon 158 oder GiSelA 5 usw. aufgepropft; in diesen Fällen können sie als Fächerspalier erzogen werden. Die Kirschen sind sommergrüne Bäume, und ihre weißen, sitzenden Blütendolden öffnen sich von Mitte bis Ende Frühling oft gleichzeitig mit dem Laubaustrieb. Die gezähnten Laubblätter sind mittelgrün und etwa sieben Zentimeter lang. Die derzeitigen Kirschbaumsorten stammen alle von einer Art ab, kommen aber aus verschiedenen Regionen Europas, Nordafrikas, Südwestafrikas, Asiens und Russlands. In trockenen Sommern kümmern die Früchte und erfordern oft eine zusätzliche Bewässerung.

Schnitt und Erziehung

Freistehende Rundkrone: Achten Sie bei begrenztem Platzangebot in Ihrem Garten auf Kirschsorten mit schwachwüchsiger Unterlage. Solch ein Baum mit einem Stamm von mindestens 75 Zentimetern Höhe mit niedriger Hohlkrone bietet eine allseitig gute Besonnung und lässt sich auch leichter beernten. Der Gerüstaufbau der Kirschkrone erfolgt nach den allgemeinen Grundsätzen für den Obstbaumschnitt (drei Leitäste usw.). Ist die Krone fertig ausgebaut, wird man sich auf die Behandlung des Fruchholzes konzentrieren: Zu dicht stehende und keine Früchte tragende Triebe werden zurückgeschnitten. Die Kirsche trägt überwiegend am zwei- bis dreijährigen Fruchtholz. Fächerspaliere werden ähnlich behandelt. Allerdings müssen hier auch die Triebe entfernt werden, die die Fächerform stören. Alle Schnittarbeiten erfolgen bei trockenem Wetter nach der Ernte.

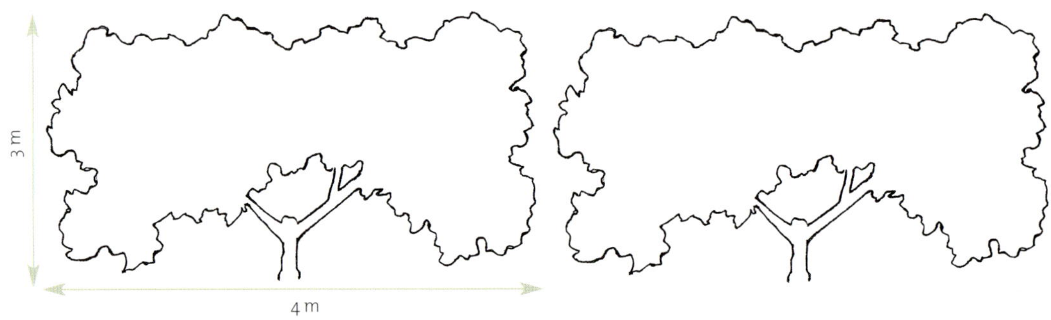

Pflaume (blaue Pflaumen)

Prunus domestica Rosengewächse Rosaceae

Platzbedarf und Schnitt
4 m x 4 m, weniger bei Bäumen auf schwachwüchsiger Unterlage.

Resistenz
Sehr bis mäßig robust.

Reifezeit
Bis zum Sommerende, je nach Voraussetzungen.

Ansprüche
Humusreicher, aber vorrangig gut drainierter Boden; sonniger Standort.

Bestäubung
Selbstbefruchter, je nach Sorte auch teilweise Selbstbefruchter oder selbststeril.

Parasiten und Krankheiten
Wespen, Pflaumensägewespe, Blattläuse, Kl. Frostspanner, Silberblattkrankheit, Bakterienbrand, Monilia, Gummifluss.

Empfehlenswerte Sorten
›Angeleno‹ (Tafel),
›Blue Tit‹ (Küche und Tafel),
›Czar‹ (Küche),
›Victoria‹ (Küche und Tafel).

Pflaumen sind saftige, bis zu sechs Zentimeter große Steinobstfrüchte. Die Früchte bestimmter Sorten sind fast rund. Die Varietät, deren grüne Haut sich im reifen Zustand violett verfärbt, besitzt häufig weiße Blüten. Tafelpflaumen zu ernten ist ein Vergnügen, aber um ihr volles Aroma entfalten zu können, müssen sie gekocht werden.

Die Pflanze

Die weißen bis zu zweieinhalb Zentimeter großen Blüten des sommergrünen Baumes öffnen sich um die Frühlingsmitte vor dem Laubaustrieb. Die Ursprungsart ist möglicherweise eine aus Südeuropa oder aus Eurasien stammende Zufallshybride. Pflaumenbäume sind ideale Obstgehölze im frischen, gemäßigten Klima mit regelmäßigen Sommerniederschlägen, dürfen aber nicht Spätfrösten ausgesetzt werden – sie wären verhängnisvoll für diese früh blühende Obstbaumart. Der gerüstgestützte Anbau an einer warmen Mauer empfiehlt sich für kältere Regionen.

Schnitt und Erziehung

Um einen Baum auf Stamm oder als Strauch zu erziehen, schneiden Sie den jungen Pflaumenbaum im Frühling auf drei bis vier Leitäste mit dem Ziel zurück, eine Krone mit breitpyramidaler Form auszubilden. Der Stamm sollte eine Mindesthöhe von 75 Zentimetern haben. Ist die Krone fertig ausgebaut, wird man die neuen Triebe im Sommer reduzieren; das heißt, in erster Linie werden dabei abgeerntete Triebe entfernt beziehungsweise eingekürzt. Bei zu starkem Fruchtbehang empfiehlt sich zum Frühlingsende eine Ausdünnung der Früchte. Damit vermeidet man, dass die brüchigen Zweige unter übermäßiger Belastung brechen und die Früchte faulen. Fertig entwickelte Fächerspaliere werden im Sommer geschnitten und in gleicher Weise behandelt wie die breitpyramidale Krone oben. Pflaumen tragen überwiegend am zwei- bis vierjährigen Fruchtholz mit einem Maximum im dritten Jahr. Es ist am besten, vergreiste Bäume durch andere Pflaumensorten oder durch anderes Obstgehölz zu ersetzen.

Pflaume (grüne und gelbe Pflaumen)

Prunus domestica Rosengewächse Rosaceae

Platzbedarf und Schnitt
2,50 m x 4 m, weniger bei Bäumen auf schwachwüchsiger Unterlage.

Resistenz
Sehr bis mäßig robust.

Reifezeit
Bis zum Sommerende.

Ansprüche
Humusreicher, aber vorrangig gut drainierter Boden; sonniger Standort.

Bestäubung
Selbstbefruchter, je nach Sorte auch teilweise Selbstbefruchter oder selbststeril.

Parasiten und Krankheiten
Wespen, Pflaumensägewespe, Blattläuse, Kleiner Frostspanner, Silberblattkrankheit, Bakterienbrand, Monilia, Gummifluss.

Empfehlenswerte Sorten
›Cambridge Cage‹ (Tafel), ›Coe's Golden Drop‹ (Tafel), ›Goldfinch‹ (Tafel), ›Monsieur Jaune‹ (Küche und Tafel), ›October Sun‹ (Tafel), ›Opal‹ (Tafel).

Von den grünen bis zu goldgetönten Pflaumenfrüchten geht ein anderer Reiz aus als von den blauhäutigen Sorten. Bei dieser Varietät ist der Erntezeitpunkt der Früchte, die bis zu sechs Zentimeter lang werden können, nicht so leicht einzuschätzen wie bei den blauen Pflaumen. Wenn sich die Frucht leicht vom Zweig lösen lässt, ist sie reif für die Ernte. Diese Pflaumen lassen sich fast durchweg roh genießen, sind jedoch ebenso köstlich als Belag von Obstkuchen oder als Marmelade.

Die Pflanze

Die weißen, bis zu zweieinhalb Zentimeter großen Blüten des sommergrünen Baumes öffnen sich um die Frühlingsmitte vor dem Laubaustrieb. Die Ursprungsart ist vermutlich eine aus Südeuropa oder aus Eurasien stammende Zufallshybride. Pflaumenbäume sind ideale Obstgehölze im frischen, gemäßigten Klima mit regelmäßigen Sommerniederschlägen, dürfen aber nicht Spätfrösten ausgesetzt werden – denn das wäre verhängnisvoll für die früh blühende Obstbaumart.

Schnitt und Erziehung

Um einen Baum auf Stamm oder als Strauch zu erziehen, schneiden Sie die junge Pflaume im Frühling auf drei bis vier Leitäste mit dem Ziel zurück, eine Krone mit breitpyramidaler Form auszubilden. Der Stamm soll eine Mindesthöhe von 90 Zentimetern haben. Ist die Krone fertig ausgebaut, wird man die neuen Triebe im Sommer reduzieren; das heißt, in erster Linie werden abgeerntete Triebe entfernt beziehungsweise eingekürzt. Bei zu starkem Fruchtbehang empfiehlt sich zum Frühlingsende eine Ausdünnung der Früchte. Auf diese Weise wird vermieden, dass brüchige Zweige unter übermäßiger Belastung brechen und die Früchte faulen. Fertig entwickelte Fächerspaliere werden im Sommer geschnitten und in gleicher Weise behandelt wie die breitpyramidale Krone oben. Pflaumen tragen überwiegend am zwei- bis vierjährigen Fruchtholz mit einem Maximum im dritten Jahr. Es ist am besten, vergreiste Bäume durch andere Pflaumensorten oder durch anderes Obstgehölz zu ersetzen.

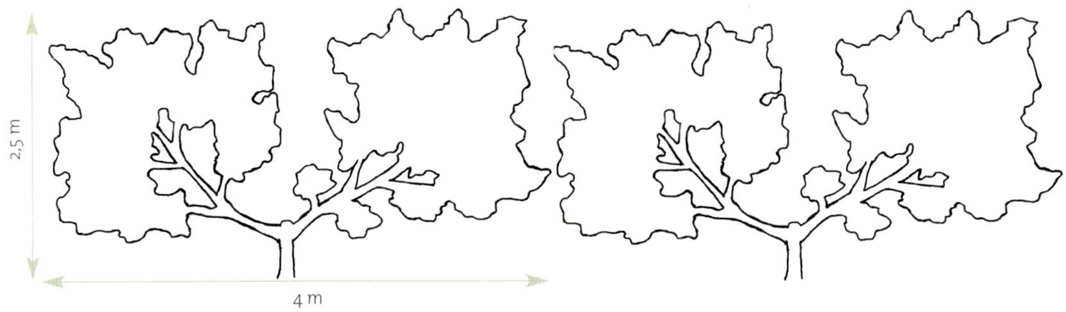

Pflaume (Reneklode)

Prunus domestica (Reneklodengruppe) Rosengewächse Rosaceae

Platzbedarf und Schnitt
4 m x 4 m oder mehr, weniger auf schwachwüchsigen Unterlagen.

Resistenz
Sehr robust.

Reifezeit
Am Ende des Sommers.

Ansprüche
Gut wasserversorgte, schwere, nährstoffreiche und gut drainierte Böden; vollsonniger Standort.

Bestäubung
Selbstbefruchter, je nach Sorte teilweiser Selbstbefruchter oder selbststeril.

Parasiten und Krankheiten
Pflaumensägewespe, Mehlige Pflaumenlaus, Pflaumenwickler, Kleiner Frostspanner, Silberblattkrankheit, Bakterienbrand, Monilia, Gummifluss.

Empfehlenswerte Sorten
›Goldfinch‹ (Tafel), ›Reine-Claude de Bavais‹ (Tafel), ›Reine-Claude Violette‹ (Tafel), ›Reine-Claude Vraie‹ (Küche und Tafel).

Renekloden sind sehr nah mit Pflaumen, Mirabellen und Zwetschen verwandt, wobei die grünfleischigen, süßen und aromatischen Früchte im Allgemeinen rundlicher und kleiner sind und im Durchschnitt einen Durchmesser von etwa drei bis vier Zentimetern erreichen. Ihre Haut ist grün bis gelbgrün. Viele Sorten können roh gegessen werden, eignen sich aber auch als Belag von Obsttorten und als Konfitüre.

Die Pflanze

Dieser sommergrüne, selten mehr als zehn Meter hohe, frostharte Baum entstammt vermutlich einem sehr alten Formenkreis der Pflaumen, vielleicht auch einer Zufallshybride aus dem südöstlich-mediterranen Europa bis kleinasiatischen Raum. Mitte des Frühlings schmückt sich der unbelaubte Baum mit weißen bis zu zweieinhalb Zentimeter großen Blüten, gefolgt vom Austrieb der Laubblätter von ungefähr zehn Zentimeter Länge. Gute Ernten sind in Lagen mit regelmäßigem Niederschlag möglich.

Schnitt und Erziehung

Um einen Reneklodenbaum auf Stamm oder als Strauch zu erziehen, schneiden Sie den jungen Baum im Frühling auf drei bis vier Leitäste mit dem Ziel zurück, eine Krone mit breitpyramidaler Form auszubilden. Der Stamm soll eine Mindesthöhe von 90 Zentimetern haben. Ist die Krone fertig ausgebaut, wird man die neuen Triebe im Sommer reduzieren; das heißt, in erster Linie werden abgeerntete Triebe entfernt, beziehungsweise eingekürzt. Bei zu starkem Fruchtbehang empfiehlt sich zum Frühlingsende eine Ausdünnung der Früchte. Fertig entwickelte Fächerspaliere werden im Sommer geschnitten und in gleicher Weise behandelt wie die breitpyramidale Krone oben. Renekloden tragen wie die Pflaumen überwiegend am zwei- bis vierjährigen Fruchtholz mit einem Maximum im dritten Jahr. Es ist am besten, vergreiste Bäume durch andere Pflaumensorten oder durch anderes Obstgehölz zu ersetzen.

Pfirsich (gelbfleischige Pfirsiche)

Prunus persica Rosengewächse Rosaceae

Platzbedarf und Schnitt
6,50 m x 5 m, weniger bei Formen mit schwachwüchsiger Unterlage oder bei Fächererziehung.

Resistenz
Mittel; die Blüten benötigen Schutz vor Spätfrösten.

Reifezeit
Spätsommer.

Ansprüche
Lockerer, gut durchlüfteter Boden.

Bestäubung
Selbstbefruchter. Dennoch lässt sich der Fruchtansatz durch manuelle Bestäubung oder einen geeigneten Pfirsichbaum in der Nachbarschaft, der zur selben Zeit blüht, verbessern.

Parasiten und Krankheiten
Vögel, Pfirsich-Kräuselkrankheit, Bakterienbrand, Grauschimmelfäulnis. Unter Glas: Gemeine Spinnmilbe, verschiedene Pilzerkrankungen, Bakterienbrand, Monilia, Gummifluss.

Empfehlenswerte Sorten
›Alta Kirsty‹,
›Bonanza‹,
›Garden Lady‹,
›Red Haven‹,
›Rochester‹.

Pfirsiche sind vielleicht die sinnlichsten Früchte unter dem Steinobst. Ihre zart-flaumige, gelb und rosa nuancierte Haut und ihr wunderbar aromatisches Fruchtfleisch sind eine Gaumenfreude. Sie werden in zwei Gruppen eingeteilt: in »schlecht steinlösende«, und in »gut steinlösende«. Beide Gruppen können gelb- beziehungsweise weißfleischig sein. Gelbfleischige Sorten haben im Vergleich zu den weißfleischigen weniger Süße.

Die Pflanze

Der Baum wurde vor etwa 1000 Jahren über die alte Seidenstraße von China nach Persien und Europa eingeführt. Mitte des Frühlings öffnen sich schöne, rosafarbene, etwa zweieinhalb Zentimeter große Blüten am sommergrünen Baum. Selbst wenn ein kalter Winter Voraussetzung für eine reiche Blütenpracht ist, so verlangen viele Sorten doch eine ausgesprochen milde Witterung während der Blüh- und Reifephase. Außerdem vertragen Pfirsichbäume nur selten Spätfröste. In klimatisch weniger begünstigten Lagen empfiehlt sich für eine Erziehung daher der Spalieranbau.

Schnitt und Erziehung

Frühling ist die beste Saison für die Kronenerziehung. Um einen Gobelet oder einen Baum mit Breitpyramidenkrone heranzuziehen, wählt man sorgfältig drei bis vier Leitäste und eine Stammverlängerung über einem Stamm von wenigstens 90 Zentimetern Höhe (Zwergsorten haben eine niedrigere Stammhöhe). Für den Fruchtholzschnitt ist von besonderer Bedeutung, dass der Pfirsich nur am einjährigen Holz (also dem verholzten Trieb des Vorjahres) fruchtet und dass es »echte« (hier besteht der Trieb aus einer Mischung von dicken Blüten- und dünnen Blattknospen) und »falsche« (nur Blütenknospen) Fruchttriebe gibt. Echte Fruchttriebe auf ein Drittel beziehungsweise die Hälfte einkürzen, während die falschen Fruchttriebe entfernt werden. Ist die Krone einmal ausgebildet, liegt das Hauptaugenmerk auf der Erhaltung einer gut besonnten und durchlüfteten Hohlkrone, besonders im Kronenzentrum.

Pfirsich (weißfleischige Pfirsiche)

Prunus persica

Rosengewächse Rosaceae

Platzbedarf und Schnitt
6,50 m x 5 m, weniger bei Formen mit schwachwüchsiger Unterlage oder bei Fächererziehung.

Resistenz
Mittel; die Blüten benötigen Schutz vor Spätfrösten.

Reifezeit
Spätsommer.

Ansprüche
Lockerer, gut durchlüfteter Boden. Sonniger Standort.

Bestäubung
Selbstbefruchter. Allerdings lässt sich der Fruchtansatz durch manuelle Bestäubung oder einen geeigneten Pfirsich in der Nachbarschaft, der zur selben Zeit blüht, verbessern.

Parasiten und Krankheiten
Vögel, Pfirsich-Kräuselkrankheit, Bakterienbrand, Grauschimmelfäulnis. Unter Glas: Gemeine Spinnmilbe und verschiedene Pilzerkrankungen.

Empfehlenswerte Sorten
›Amsden June‹,
›Duke of York‹,
›Oded‹,
›Peregrine‹,
›White Peachy‹.

Die weißfleischigen Pfirsiche erreichen im reifen Zustand eine Größe von sieben Zentimetern und haben in der Regel einen süßeren Geschmack als gelbfleischige Sorten. Zusätzlich hat das auf der Zunge schmelzende, saftige Fruchtfleisch noch eine ganz besondere Geschmacksnote. Die flaumige, gelblichsahnige Haut des Pfirsichs ist zumeist rosa oder rötlich geflammt beziehungsweise überhaucht. Es gibt auch rosafleischige Sorten, wie zum Beispiel ›Saturn‹.

Die Pflanze

In der Frühlingsmitte öffnen sich schöne, purpur-rosafarbene, etwa zweieinhalb Zentimeter große Blüten am sommergrünen Baum. Das an breite Weidenblätter erinnernde, dunkelgrüne Laub erreicht eine Länge von 15 Zentimetern. Selbst wenn ein kalter Winter Voraussetzung für eine reiche Blütenpracht ist, so verlangen auch viele weißfleischig Sorten eine milde Witterung während der Blüh- und Reifephase und vertragen Spätfröste schlecht. In Gebieten mit Weinanbau findet der Pfirsich gute Wachstumsbedingungen. In klimatisch weniger begünstigten Lagen empfiehlt sich wie bei den gelbfleischigen Sorten der Spalieranbau.

Schnitt und Erziehung

Frühling ist die beste Saison für die Kronenerziehung. Um einen Gobelet oder einen Baum mit Breitpyramidenkrone heranzuziehen, wählt man sorgfältig drei bis vier Leitäste und eine Stammverlängerung über einem Stamm von wenigstens 90 Zentimeter Höhe (Zwergsorten haben eine niedrigere Stammhöhe). An den Leitästen wird je ein Fruchtast gefördert, der eine lockere Garnierung aus einjährigen Fruchtreisern besitzt. Weitere Angaben zum Fruchtholzschnitt siehe »gelbfleischige Pfirsiche«. Ist die Krone einmal ausgebildet, liegt das Hauptaugenmerk auf der Erhaltung einer gut besonnten und durchlüfteten Hohlkrone und dem Entfernen überzähliger Triebe. Diese Schnittarbeiten erfolgen im Sommer. Trägt der Baum zu reichlich, ist das Ausdünnen des Fruchtbehangs besonders bei Zwergformen wichtig. Fertige Fächerspaliere werden im Sommer geschnitten. Vergreiste Bäume werden durch andere Obstbaumarten ersetzt – allerdings nicht durch Steinobst.

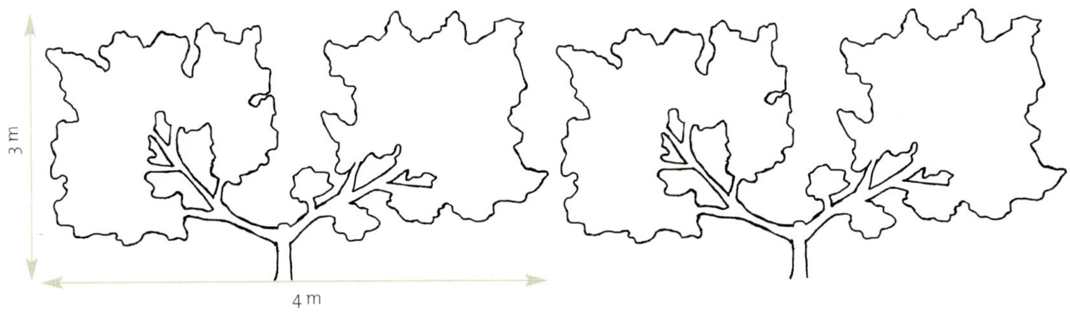

Nektarine

Prunus persica var. *nectarina* — Rosengewächse Rosaceae

Platzbedarf und Schnitt
6,50 m x 5 m, weniger bei Formen mit schwachwüchsiger Unterlage oder bei Fächererziehung.

Resistenz
Mittel; die Blüten benötigen Schutz vor Spätfrösten.

Reifezeit
Spätsommer.

Ansprüche
Lockerer, gut durchlüfteter Boden. Sonnige Lage.

Bestäubung
Selbstbefruchter. Allerdings lässt sich der Fruchtansatz durch manuelle Bestäubung oder einen geeigneten Pfirsichbaum in der Nachbarschaft, der zur selben Zeit blüht, verbessern.

Parasiten und Krankheiten
Vögel, Pfirsich-Kräuselkrankheit, Bakterienbrand, Grauschimmelfäulnis. Unter Glas: Gemeine Spinnmilbe und verschiedene Pilzerkrankungen.

Empfehlenswerte Sorten
›Early Rivers‹, ›Lord Napier‹, ›Pineapple‹, ›Sunred‹, ›Nektarine‹ (Zwergbaum), ›Rosina‹ (Zwergbaum).

Süß und saftig, zählt die Nektarine zur nahen Verwandtschaft der Pfirsiche. Die rundliche, im Durchmesser bis zu sieben Zentimeter große, reife Frucht ist dem Pfirsich täuschend ähnlich. Und das sowohl durch ihre äußere Erscheinung als auch im Aroma. Mit einem Unterschied: Die Schale der Nektarine ist glatt und vorwiegend gelb und kräftig leuchtend rot bis orange überfärbt. Im Handel erfreuen sich Nektarinen als Tafelfrucht immer größerer Beliebtheit.

Die Pflanze

Die bis zu zweieinhalb Zentimeter im Durchmesser großen, schalenförmigen Blüten sind mit jenen des Pfirsichbaums fast identisch, besitzen jedoch eine dunklere, zuweilen karminrote Basis. Die weidenähnlichen, dunkelgrünen, circa 15 Zentimeter langen Laubblätter des sommergrünen Baumes treiben nach den Blüten aus. Die aus China stammende Nektarine ist etwas kälte- und frostempfindlicher als der Pfirsichbaum. Damit ist die Nektarine als Obstbaum in all jenen Regionen weniger populär, die stärker von Frösten heimgesucht werden. Die Früchte benötigen für eine optimale Ausreifung lange und sehr warme Sommerperioden. Aus diesem Grund eignet sich die Nektarine sehr gut als Spalier.

Schnitt und Erziehung

Die Erziehung als Rundkrone, zum Beispiel in Form eines Gobelets oder als Hohlkrone, ist am ehesten in besonders vom Klima begünstigten Lagen wie im oberen Rheintal oder am Bodensee Erfolg versprechend. In der Schweiz und in Österreich gibt es größere Gebiete mit dieser Eignung. Näheres zur Erziehung solcher Kronenformen siehe Kapitel über den Pfirsich. Für weniger begünstigte Regionen sind Fächerspaliere zu empfehlen. Auch gibt es Zwergformen, die sich im Topf ziehen und im Kalthaus überwintern lassen. Ist die Fächerkrone fertig ausgebildet, beschränkt sich die sommerliche Schneidetätigkeit auf das Enfernen alter Fruchtäste bei gleichzeitiger Förderung nachwachsender Fruchtäste, die Erhaltung der Spalierform und auf das Entfernen zu dicht stehender sowie »falscher« Fruchttriebe (Näheres dazu siehe »Pfirsich«).

Beerenobst

Schwarze Maulbeere
Schwarze Johannisbeere
Rote Johannisbeere
Weiße Johannisbeere
Stachelbeere
Brombeere
Himbeere
Amerikanische Blaubeere (Amerikanische Heidelbeere)

Schwarze Maulbeere

Morus nigra

Maulbeergewächse Moraceae

Platzbedarf und Schnitt
Bis zu 12 m x 15 m.

Resistenz
Robust, aber frostempfindlich.

Reifezeit
Je nach Witterung Ende des Sommers.

Ansprüche
Humusreicher Boden, gut drainiert; sonniger Standort.

Bestäubung
Selbstbefruchter.

Parasiten und Krankheiten
Keine nennenswerten Krankheiten.

Empfehlenswerte Sorten
›Chelsea‹,
›Large Black‹,
›Wellington‹.

Die fast schwarzen Früchte (bis zu zweieinhalb Zentimeter lang) der Schwarzen Maulbeere sind saftig und ähneln Brombeeren. Vor der Vollreife schlägt das Grün der Frucht in Orange und Scharlachrot um. Kurz bevor sie abfällt, verfärbt sie sich dann dunkelviolett. Auch wenn die Maulbeere wie eine Beere aussieht, enthält sie überraschenderweise nur einen einzigen harten Samen, ähnlich dem der Steinfrüchte. Botanisch werden solche Früchte »Sammelsteinfrucht« genannt. Diese Früchte sind bis zu ihrer vollen Reife sehr sauer. Erst danach erreichen sie einen süßen Geschmack.

Die Pflanze

Die Schwarze Maulbeere ist ein wahrscheinlich aus dem Südwesten Asiens stammender, sommergrüner Baum, dessen Blüten und Blätter erst Ende des Frühlings erscheinen. Die herzförmigen, gezähnten, oft unregelmäßig gelappten Laubblätter sind ungefähr 19 Zentimeter lang. Die sehr unscheinbaren, grünlichen Blüten befinden sich auf rundlichen, weiblichen beziehungsweise männlichen Kätzchen von nur zwei Zentimeter Länge. Sie blühen am Baum zur gleichen Zeit und können sich selbst befruchten. Für die Ernte reicht also ein Baum aus. Reichlich Blüte gibt es in Regionen mit kalten Wintern. Die Schwarze Maulbeere ist ein schöner dekorativer Baum mit breit ausladender, gedrungener Krone. Auf frischen, gut durchlüfteten Böden gedeiht er schneller als auf schweren Böden. Der Anbau dieser Maulbeerenart sollte auf mildere Lagen beschränkt bleiben. Die Bäume können ein hohes Alter erreichen und lassen sich auch im Topf ziehen.

Schnitt und Erziehung

Den jungen Baum erzieht man mit zentralem Leitast. Ausgewachsene Maulbeerbäume vertragen nur sehr wenig Schnitt. Sollten größere Schnittarbeiten anfallen, so sind sie auf den Winter in die volle Ruhephase des Maulbeerbaumes zu verlegen, denn während der Wachtumsphase »milchen« die Wunden reichlich.

Schwarze Johannisbeere

Ribes nigrum

Stachelbeergewächse Grossulariaceae

Platzbedarf und Schnitt
1,10 m x 1,20 m.

Resistenz
Sehr robust.

Reifezeit
Sommer.

Ansprüche
Humusreicher Boden; sonniger bis halbschattiger Standort.

Bestäubung
Selbstbefruchter; zuverlässiger ist es allerdings, mehrere Sorten nebeneinander zu pflanzen.

Parasiten und Krankheiten
Blattläuse, Milben, Johannisbeer-Gallmilbe, Kleiner Frostspanner, Mehltau.

Empfehlenswerte Sorten
›Ben Connan‹,
›Ben Lomond‹,
›Ben Sarek‹,
›Boskoop Giant‹,
›Jet‹.

Die Schwarze Johannisbeere trägt runde, mattschwarze Früchte von bis zu sechs Millimeter Durchmesser. Der Geschmack der Früchte ist säuerlich, und sie sind sehr reich an Vitamin C, dessen Anteil mit 150 bis 300 mg/100 g höher liegt als bei den meisten anderen Obstgehölzen. Wohl wegen ihrer besonderen Geschmacksnote ist sie roh genossen nicht jedermanns Sache. Häufiger wird die Schwarze Johannisbeere als Konifitüre oder Gelee verarbeitet. Leicht gekocht ist sie ein hervorragender Belag für einen Obstkuchen.

Die Pflanze

Die Schwarze Johannisbeere ist ein bis zu zwei Meter hoher, sommergrüner Strauch, dem man in Europa, in Mittelasien, im Himalaya und im Westen von Kasachstan begegnet. Seine drei- bis fünflappigen Blätter sind von lebhaftem Grün und bis zu zehn Zentimeter lang. Die glockenförmigen, grünlichen Blüten von ungefähr fünf Millimeter Durchmesser erscheinen in Trauben etwa um die Frühlingsmitte herum. Die Schwarze Johannisbeere trägt am besten in einem frisch gemäßigten Klima, verträgt jedoch windige und ungeschützte Standorte schlecht.

Schnitt und Erziehung

Bei Eintritt der ersten Fröste nach der Pflanzung werden alle Triebe des Schwarzen Johannisbeerstrauchs bis auf 20, maximal zehn Zentimeter über dem Boden zurückgeschnitten, da dadurch die Fruchtbarkeit der ein bis zweijährigen Triebe auf älterem Holz gesteigert wird. Insgesamt sollte der Strauch nicht mehr als acht bis neun Leittriebe haben, die ihrerseits ein- und zweijähriges Holz tragen. Es ist dabei zu beachten, dass die Knospen am einjährigen Holz den besten Ertrag liefern. Im darauffolgenden Winter entfernt man schwache oder schlecht platzierte (straucheinwärts wachsende) Triebe, um ein offenes und gut durchlüftetes Geäst zu gewährleisten; die übrig gebliebenen Triebe blühen und fruchten im nächsten Sommer. Später – etwa zwischen Wintermitte und dem Ende der Wintersaison – schneidet man ein Drittel aller Triebe, die im vorhergehenden Sommer Früchte getragen haben, zurück.

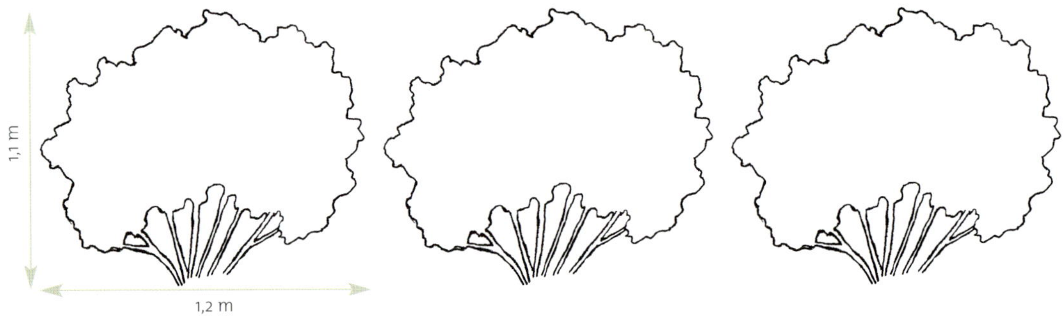

Rote Johannisbeere

Ribes rubrum

Stachelbeergewächse Grossulariaceae

Platzbedarf und Schnitt
2 m x 2 m.

Resistenz
Sehr robust.

Reifezeit
Sommer.

Ansprüche
Humusreicher, möglichst gut drainierter und feuchter bis frischer Boden; sonniger bis halbschattiger, vor Winden geschützter Standort. Die Erträge sind in sandigen Böden geringer.

Bestäubung
Selbstbefruchter.

Parasiten und Krankheiten
Blattläuse, Grauschimmelfäulnis, Rotpustelkrankheit.

Empfehlenswerte Sorten
›Jonkheer van Tets‹, ›Laxton's Number One‹, ›Red Lake‹, ›Rote Vierländer‹, ›Rovada‹, ›Stanza‹.

Die Rote Johannisbeere trägt runde, lebhaft rote, fast transparente Früchte, die jeweils einen harten Kern enthalten. Sie vertragen Transport und Lagerung schlecht und werden auf den Märkten nur während der Hochsaison angeboten. Diese recht säuerlichen Früchte gewinnen erheblich, wenn sie gekocht oder als Marmelade und Gelee verarbeitet werden.

Die Pflanze

Der niedrige, sommergrüne Strauch ist in Mittel- und Westeuropa natürlich verbreitet. Die gelappten Blätter sind etwa zehn Zentimeter lang. Die grünen, rot bis rosa getönten Blüten sind bis zu zehn Millimeter im Durchmesser groß und öffnen sich im Frühling. Der Rote Johannisbeerstrauch trägt besser im nördlichen Mitteleuropa, da dort die Sommer frisch und trockene Perioden seltener sind.

Schnitt und Erziehung

Strauchererziehung: Da die Wuchsleistung der Roten Johannisbeeren je nach Sorte im Gegensatz zur Schwarzen Johannisbeere sehr unterschiedlich ausfällt, muss auch die Schnittbehandlung differieren. Die etwa eineinhalb Meter hohen Leittriebe starkwüchsiger Sorten werden nach einem rund drei Jahre andauernden Aufbauschnitt nicht mehr zurückgeschnitten – ganz im Gegensatz zu den schwachwüchsigen Sorten, die jährlich an Leittrieben und seitlichen Verzweigungen eingekürzt werden. Erhaltungsschnitt: Seitenzweige werden auf drei bis sechs Knospen (etwa um zehn bis 20 Zentimeter) zurückgeschnitten. Bei schwachwüchsigen Sorten werden auch die Leittriebe um etwa eine Scherenlänge eingekürzt. Wichtig ist, dass der Strauch nicht auseinanderfällt und gut durchlüftet ist. Neu nachwachsende Wurzeltriebe werden so lange übernommen, bis der Aufbau des Strauches mit sechs bis acht Leittrieben vollständig ist. Neben der Strauchform eignet sich besonders die Gobeletform. Ein so ausgebautes Johannisbeerbäumchen besteht aus drei bis vier Leittrieben und einer Stammverlängerung. Um die Aufbauzeit zu umgehen, gibt es im Handel fertige Bäumchen. Die Schnittbehandlung der Krone dieser Bäumchen erfolgt auf ähnliche Weise wie die Strauchererziehung.

Weiße Johannisbeere

Ribes rubrum

Stachelbeergewächse Grossulariaceae

Platzbedarf und Schnitt
2 m x 2 m.

Resistenz
Sehr robust.

Reifezeit
Sommer.

Ansprüche
Humusreicher Boden.

Bestäubung
Selbstbefruchter.

Parasiten und Krankheiten
Blattläuse, Rotpustelkrankheit.

Empfehlenswerte Sorten
›Blanka‹, ›Transparent‹, ›Weiße Versailler‹, ›Werdavia‹, ›White Grape‹, ›White Pearl‹.

Die Weiße Johannisbeere wird selten zu Handelszwecken angebaut, denn ihre Saison ist sehr kurz. Die weißen perlenartigen Früchte von sechs Millimeter Durchmesser sind meist makellos und roh genossen oft milder als die roten Sorten – wobei allerdings auch recht saure Varietäten existieren.

Die Pflanze

Die Ausgangsform der Weißen Johannisbeere ist überwiegend die Rote Johannisbeere. Die gelappten Blätter sind zehn Zentimeter lang. Die grünen, rot bis rosa getönten Blüten sind bis zu zehn Millimeter im Durchmesser und öffnen sich im Frühling. Weiße Johannisbeersträucher tragen im nördlichen Mitteleuropa besser, da dort die Sommer frisch und trockene Perioden seltener sind.

Schnitt und Erziehung

Straucherziehung: Die Wuchsleistung der Weißen Johannisbeere fällt wie bei der Roten Johannisbeere sehr unterschiedlich aus. Die etwa eineinhalb Meter hohen Leittriebe starkwüchsiger Sorten werden nach einem rund drei Jahre andauernden Aufbauschnitt nicht mehr zurückgeschnitten – im Gegensatz zu den schwachwüchsigen Sorten, die jährlich an Leittrieben und seitlichen Verzweigungen eingekürzt werden.
Erhaltungsschnitt: Seitenzweige werden auf drei bis sechs Knospen (etwa um zehn bis 20 Zentimeter) zurückgeschnitten. Bei schwachwüchsigen Sorten werden auch die Leittriebe um etwa eine Scherenlänge eingekürzt. Wichtig ist, dass der Strauch nicht auseinanderfällt und gut durchlüftet ist. Neu nachwachsende Wurzeltriebe werden so lange übernommen, bis der Aufbau des Strauches mit sechs bis acht Leittrieben vollständig ist.
Neben der Strauchform eignet sich besonders die Gobeletform, die aus drei bis vier Leittrieben und einer Stammverlängerung besteht. Die Schnittbehandlung der Krone dieser Bäumchen erfolgt auf ähnliche Weise wie die Straucherziehung (siehe oben). Hierbei auf die Stabilität achten – die schwachen Stämmchen durch eine Stütze stabilisieren.

Stachelbeere

Ribes uva-crispa

Stachelbeergewächse Grossulariaceae

Platzbedarf und Schnitt
1,80 m x 1,80 m.

Resistenz
Außerordentlich robust.

Reifezeit
Sommer.

Ansprüche
Sehr anspruchslos und frostunempfindlich; humusreicher Boden, gut drainiert; sonniger bis halbschattiger Standort.

Bestäubung
Selbstbefruchter.

Parasiten und Krankheiten
Blattfleckenkrankheit, Stachelbeer-Mehltau, seltener Vögel.

Empfehlenswerte Sorten
›Careless‹,
›Greenfinch‹,
›Invicta‹,
›Leveller‹,
›Whinham's Industry‹.

Stachelbeeren sind kleine, halb transparente, ovale Früchte von lebhaftem Grün und einer Länge von ungefähr zwei Zentimetern. Auf den Märkten werden sie häufig in saurem Zustand angeboten, sodass sie sich weniger für den rohen Genuss eignen. Sie müssen gesüßt und kurz gekocht werden. Sie eignen sich für alle Varianten von Torten, Obstkuchen, Tartes und Crumbles oder als Konfitüre.

Die Pflanze

In Mitteleuropa ist die Stachelbeere ein verbreiteter, dornenbewehrter, sommergrüner Strauch, der bis zu eineinhalb Meter hoch wird. Die grünlich und rosa getönten Blüten sind ungefähr sechs Millimeter im Durchmesser und erscheinen im Frühling unter gelappten, kaum sechs Zentimeter großen Laubblättern. Dieser Strauch gedeiht in Regionen mit Frost und frischen Sommerperioden und klettert daher in den Alpen bis in eine Höhe von 1500 Metern. Einige Sorten produzieren Früchte mit roter oder gelber Haut, die behaart oder unbehaart sein kann.

Schnitt und Erziehung

Zu empfehlen ist die 60 Zentimeter bis 1,20 Meter hohe Gobelet- beziehungsweise Bäumchen- oder Hochstammform. Sie muss durch einen Pfahl abgestützt werden. Zum Winterausgang wird man die Triebe auf drei bis fünf günstig verteilte Leittriebe reduzieren, die man auf 20 bis 30 Zentimeter stark einkürzt. Im folgenden Jahr wird man acht bis zehn der neu entstandenen Seitentriebe auswählen, um ein ausgewogenes und gut durchlüftetes Kronengerüst zu schaffen. Diese Bäumchen werden im folgenden Jahr Früchte tragen. Erhaltungsschnitte konzentrieren sich auf die ältesten Zweige, die man jeden Winter entfernt. Eine andere Möglichkeit besteht in der Erziehung zum Strauch und der anschließenden Fruchtholzbildung, die nach ähnlichen Grundsätzen erfolgt wie bei den schwächerwüchsigen Roten Johannisbeeren (siehe Seite 88). Wenn Sie auf besonders große Früchte Wert legen und es Ihnen nichts ausmacht, wenn die Ernte geringer ausfällt, dann entfernen Sie die Hälfte der Fruchtansätze im Frühsommer.

Brombeere

Rubus fruticosus — Rosengewächse Rosaceae

Platzbedarf und Schnitt
1,50 bis 1,70 m x 1 m.

Resistenz
Sehr robust.

Reifezeit
Sommerende bis Herbst.

Ansprüche
Humoser, gut drainierter Boden; sonniger bis halbschattiger, windgeschützter Standort.

Bestäubung
Selbstbefruchter.

Parasiten und Krankheiten
Keine nennenswerten Krankheiten.

Empfehlenswerte Sorten
›Fantasia‹, ›Himalaya Giant‹, ›Loch Ness‹, ›Merton Thornless‹, ›Theodor Reimers‹, ›Thornfree‹.

Die Brombeeren (botanisch gesehen handelt es sich nicht um Beeren, sondern um Sammelsteinfrüchte) sind saftige, häufig sehr süße Früchte, die roh genossen oder gekocht zubereitet werden können, zum Beispiel kombiniert mit Äpfeln in Torten oder Crumbles.

Die Pflanze

Die weitverbreiteten Echten Brombeeren bilden in Europa eine äußerst formenreiche, botanisch und ökologisch spezialisierte Sippe der Gattung Rubus (zu der auch die Himbeere zählt), deren Verbreitungsgebiet vom Flachland bis in die Alpen (bis 1650 Meter Höhe) reicht. Die weißen, im Durchmesser bis zu zweieinhalb Zentimeter großen Blüten befinden sich auf Blütenständen und erscheinen ab dem Frühlingsende. Die drei- bis fünfzählig angeordneten Laubblätter erreichen ungefähr eine Länge von zehn Zentimetern. Diese vitale Pflanze fühlt sich in frisch-feuchtem, gemäßigtem Klima wohl – mit winterlichen Frösten und regelmäßigen sommerlichen Niederschlägen. Brombeeren sind jedoch frostempfindlicher als Himbeeren. Einige Sorten breiten sich über unterirdische Ausläufer rasant aus und sind dann kaum mehr in den Griff zu bekommen.

Schnitt und Erziehung

Rankende Brombeeren benötigen eine Kletterhilfe. Am gebräuchlichsten ist ein Drahtgerüst, das aus horizontalen Spanndrähten besteht, die in einem Abstand von etwa 50 bis 80 Zentimetern übereinander an einem Pfostenrahmen von etwa eineinhalb bis 1,70 Meter Höhe aufgespannt werden. Die Triebe oder Schösslinge werden nach der Pflanzung eingekürzt. Wie bei der Himbeere tragen die Triebe des Vorjahres Früchte. Die Tragranken werden so nah wie möglich locker an dem unteren Draht befestigt, während der obere Draht für den Neuaustrieb im folgenden Jahr reserviert ist. Die abgeernteten Triebe werden an der Basis abgetrennt. Die neuen Triebe nimmt man im Spätherbst vom Drahtrahmen, legt sie flach auf den Boden und bedeckt sie zum Schutz vor Frost mit Reisig, Stroh oder einer Mulchdecke. Im Frühjahr müssen diese Ranken wieder mit dem Drahtgerüst verbunden werden. Pro Pflanze lässt man drei bis sechs Ranken stehen.

Himbeere

Rubus idaeus

Rosengewächse Rosaceae

Platzbedarf und Schnitt
1,50 m x 1 m.

Resistenz
Sehr robust.

Reifezeit
Hochsommer bis Herbst, je nach Sorte.

Ansprüche
Humusreicher Boden, gut drainiert; sonniger bis halbschattiger Standort.

Bestäubung
Selbstbefruchter.

Parasiten und Krankheiten
Himbeerkäfer, Vögel, Grauschimmelfäulnis, Himbeerrutenkrankheit, Virosen.

Empfehlenswerte Sorten
›Autumn Bliss‹,
›Glen Ample‹,
›Glen Moy‹,
›Glen Prosen‹,
›Leo‹,
›Malling Admiral‹,
›Malling Jewel‹.

Die zwei Zentimeter großen, süßen und saftigen Himbeerfrüche (botanisch gesehen Sammelsteinfrüchte) verfärben sich bei der Reife in das sprichwörtlich verlockende Himbeerrot. Die einmal tragenden beziehungsweise nicht remontierenden Himbeersträucher entwickeln Früchte an Vorjahresruten. Langtriebige oder remontierende Himbeersträucher tragen Früchte auf den diesjährigen, neuen Fruchtruten, reifen jedoch normalerweise später als die Einmaltragenden. Mindestens seit Anfang des 17. Jahrhunderts sind auch gelbe Sorten (Fruchtformen) bekannt.

Die Pflanze

Die bis zu zwei Meter hohen Himbeersträucher sind sommergrüne Laubsträucher mit steif aufrechten Ruten, die mit feinen Stacheln bedeckt sind. Ihr Verbreitungsgebiet reicht von Europa über Nordasien bis nach Nordamerika. Die Himbeere ist ein Waldpionier auf Waldlichtungen und nutzt die dort einsetzende starke Mineralisierung des Waldbodens. Die grünlichweißen, im Durchschnitt circa einen Zentimeter großen Blüten öffnen sich im Frühling. Die Sträucher tragen am reichlichsten in geschützter Lage, in frischem, kühlem bis gemäßigtem Klima mit sommerlichen Niederschlägen.

Schnitt und Erziehung

Um eine optimale Ernte zu erzielen, wird man die Sträucher in Reihen pflanzen. Die austreibenden Ruten werden an Drähten befestigt, die zwischen Pfosten gespannt sind. Wenn die Ruten den höchsten Draht erreichen, müssen sie entsprechend gebogen werden. Einmal tragende Himbeeren: Ruten nach der Pflanzung einkürzen. Die neuen Ruten werden im folgenden Jahr Früchte tragen. Nach der Ernte wird man die abgeernteten Ruten bis auf die Basis am Boden zurückschneiden. Langtriebige Sorten: Im Frühling schneidet man alle Ruten bis auf die Basis kurz über dem Boden zurück.

Amerikanische Blaubeere (Amerikanische Heidelbeere)

Vaccinium corymbosum Heidekrautgewächse Ericaceae

Platzbedarf und Schnitt
Bis 1,50 m x 1,50 m.

Resistenz
Sehr robust.

Reifezeit
Herbst.

Ansprüche
Humusreicher, saurer Boden (pH 5), gut drainiert; sonniger bis halbschattiger Standort.

Bestäubung
Selbstbefruchter.

Parasiten und Krankheiten
Anthraknose, Triebmonilia, gelegentlich Stängelgrundfäule.

Empfehlenswerte Sorten
›Blau-Weiß-Goldtraube‹ (schöne, weiße Blüte, Früchte ab Juli), ›Bluecrop‹ (häufigste Sorte, ertragreich), ›Bluetta‹, ›Chandler‹, Jersey‹, ›Toro‹.

Die Amerikanische Blaubeere zählt zur selben Familie wie das Heidekraut und der Rhododendron. Sie wächst auf sauren Böden, während sie auf basischen Substraten verkümmert, wenn nicht gar abstirbt. Allerdings lässt sie sich im Garten wesentlich besser kultivieren als unsere heimische Blaubeere Vaccinium myrtillus. Sie ist nicht nur reich an Vitamin C, sie enthält auch weitere Vitamine und den blau färbenden Stoff Anthocyan, dem man antioxidative und entzündungshemmende Eigenschaften nachsagt. Die reifen Früchte sind blau bis dunkelviolett gefärbt und von einem wächsernen Reif überzogen.

Die Pflanze

Die aus dem Nordosten Nordamerikas stammende Pflanze ist ein sommergrüner Strauch, der auf sauren Böden (zum Beispiel auf Moor- und Torfsubstraten) kultiviert werden muss. Die kleinen weißen, bis zu zehn Millimeter langen Blütenglocken blühen zur Frühlingsmitte unter den im Laufe des Jahres bis zu acht Zentimeter langen, feingesägten Laubblättern, die sich im Herbst tiefrot verfärben können. Die Blaubeerpflanze erreicht eine gute Ernte in feuchtem Klima mit kälteren Winterperioden. Sie ist eine ideale Topfpflanze, vorausgesetzt, man pflanzt sie in eine gedüngte Erikaerde. Der kleine Strauch kann ein sehr hohes Alter (bis 70 Jahre und mehr) erreichen.

Schnitt und Erziehung

Wird auf eine dauerhaft gute Ernte Wert gelegt, kommt man auch bei einem Blaubeerstrauch nicht um gewisse Schnitttätigkeiten herum. Angestrebt wird ein kleiner Gobelet mit offener, gut durchlüfteter Krone. Im nachfolgenden Winter nach der Pflanzung werden Sie nur die schwächlichen und beschädigten Triebe entfernen. Der jährliche Winterschnitt der ausgewachsenen Pflanze beschränkt sich auf das Auslesen der ältesten Zweige, denn die Früchte entwickeln sich überwiegend an den Spitzen der Vorjahrestriebe.

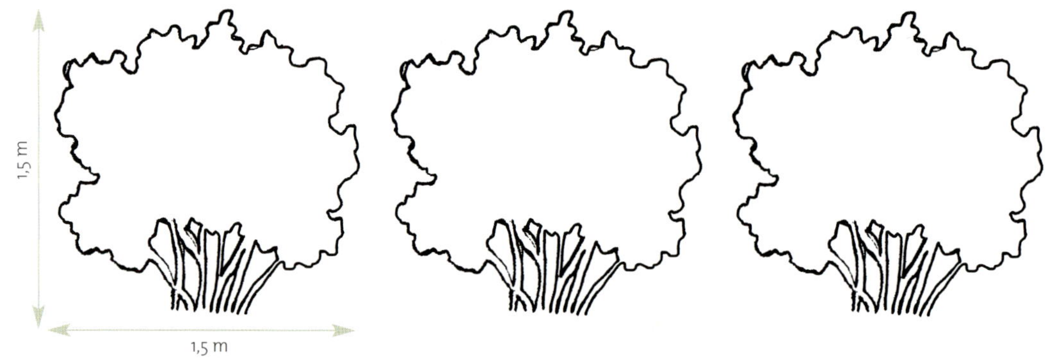

Zitrusobst

Echte Limette
Bitterorange
Zitrone
Gelbfleischige Grapefruit
Rosafleischige Grapefruit
Mandarine
Satsuma-Mandarine
Clementine
Orange
Kumquat

Echte Limette

Citrus aurantiifolia Rautengewächse Rutaceae

Platzbedarf und Schnitt
Im Freiland 2,40 m bis 4,50 m x 2,40 m bis 4,50 m; ansonsten bestimmen die Winterquartiere die Größe.

Resistenz
Sehr frostempfindlich; Minimum 3–5 °C; einige Sorten vertragen kurzzeitig tiefere Temperaturen.

Reifezeit
Ganzjährig, hauptsächlich jedoch im Sommer.

Ansprüche
Humusreicher, neutraler bis leicht saurer Boden; sonniger Standort. Unter Glashausbedingungen: auf gut nährstoffversorgtes Substrat achten.

Bestäubung
Selbstbefruchter.

Parasiten und Krankheiten
Schildlaus und zuweilen Pilzerkrankungen. Unter Glas: Gemeine Spinnmilbe, Gewächshaus-Weiße Fliege.

Empfehlenswerte Sorten
›Java‹,
›Mexican‹,
›Tahiti‹.

Limetten, Limonen beziehungsweise Limonellen kommt in unseren Küchen eine wachsende Bedeutung zu. Sie sind inzwischen beinahe so wichtig geworden wie Zitronen. Diese im Durchmesser zweieinhalb bis fünf Zentimeter großen Früchte haben eine glänzend grüne bis gelbliche Schale, und das leuchtend grüne Fruchtfleisch ist zwar sehr sauer, aber dennoch aromatischer als das der Zitrone.

Die Pflanze

Der kleinwüchsige, nur selten höher als zwei Meter, in Ausnahmefällen vier Meter hohe, dornenbesetzte, strauchförmige Limettenbaum ist eine Hybride mit ungewissem Stammbaum. Sie wird aber seit Jahrhunderten in fast allen tropischen und subtropischen Regionen kultiviert, wo die Limette zu kurzstämmigen, strauchartigen Bäumchen heranwächst, geschmückt mit dunkelgrünen, ledrigen mattglänzenden Laubblättern, die fünf bis sieben Zentimeter Länge erreichen. Die weißen, im Durchmesser circa einen bis zwei Zentimeter messenden Blüten sind kleiner als die der meisten anderen Zitrusgewächse, erscheinen zum Frühlingsende bis zum Sommer und verströmen einen leichten aromatischen Duft. In unserem Klima und aufgrund ihres kompakten, zurückhaltenden Wuchses eignet sich die Limette hervorragend zur Kübelaufzucht mit Überwinterungsmöglichkeit.

Schnitt und Erziehung

Die jungen Pflanzen werden beschnitten, um eine ausgeglichene Buschform zu erzielen. Die ausgewachsenen Pflanzen geben sich mit einer minimalen Größe zufrieden, wobei es durchaus von Vorteil ist, einen astfreien Stamm von wenigstens 30 Zentimetern herauszuarbeiten, um zu vermeiden, dass die Früchte den Boden berühren. Höhere Pflanzen, die man unter Gewächshausbedingungen hält, müssen zwischen Winterende und Frühling geschnitten werden, um ihr Ausmaß zu begrenzen. Bei kalten Temperaturen wirft der sonst immergrüne Baum seine Laubblätter ab, treibt sie aber im Frühjahr wieder aus.

Bitterorange

Citrus aurantium

Synonym: Pomeranze

Rautengewächse Rutaceae

Platzbedarf und Schnitt
Im Freiland 10 m x 10 m, sonst generell sehr viel weniger.

Resistenz
Sehr frostempfindlich; Minimum 3–5 °C; einige Sorten vertragen kurzzeitig tiefere Temperaturen.

Reifezeit
Winterende.

Ansprüche
Humusreicher, neutraler bis leicht saurer Boden; sonniger Standort, wobei die Bitterorange weniger Licht verträgt als andere Arten. Unter Glashausbedingungen: auf gut nährstoffversorgtes Substrat achten.

Bestäubung
Selbstbefruchter.

Parasiten und Krankheiten
Milben, Schildlaus, Virosen. Unter Glas: Gemeine Spinnmilbe, Gewächshaus-Weiße Fliege, Schildlaus.

Empfehlenswerte Sorten
›Bouquet de Fleurs‹, *Citrus* var. *myrtifolia* ›Chinotto‹, ›Seville‹.

Die Bitterorange wird fast ausschließlich für die Marmeladenherstellung angebaut und erscheint nur für kurze Zeit am Ende des Winters im Handel. Diese Früchte sind nicht zum Rohverzehr geeignet. Ihre dicke Schale und zahlreichen Kerne sind mit Pektin (Orangeat) übersättigt – eben die Garantie für ein gutes Gelingen einer Marmelade.

Die Pflanze

Der Bitterorangenbaum ist wahrscheinlich keine reine Art, sondern eher eine komplexe Hybride und stammt vermutlich aus Südchina und Vietnam. Die Bitterorange gedeiht unter subtropischen und nahezu tropischen Klimabedingungen und passt sich vielen Böden an. Der bis zu zehn Meter hohe Baum mit rundlicher Krone besitzt immergrüne, glänzende, aromatische Laubblätter, die auf dornenbesetzten Zweigen sitzen (die kompaktere Sorte *Citrus* var. *myrtifolia* ist dornenlos). Die duftenden, im Durchmesser bis zu zwei Zentimeter großen, weißen Blüten öffnen sich spät im Frühling und Sommer. Die Früchte reifen erst im kommenden Jahr – wenn der Baum bereits in Blüte steht und gleichzeitig die ersten grünen Fruchtansätze zu sehen sind. Neben der Anzucht unter Glas eignet sich die Bitterorange sehr gut als Kübelpflanze, die ab April ins Freiland gebracht werden kann.

Schnitt und Erziehung

Haben Sie das Glück, im mediterranen Raum einen Garten zu besitzen, lassen Sie den jungen Pflanzen Zeit zur Entwicklung, indem Sie sie so wenig wie möglich beschneiden; einzig eine leichte Verkürzung des Stammes in den ersten Jahren wird einen gedrungeneren, buschmäßigen Wuchs begünstigen. Die Gestalt der ausgewachsenen Bäume benötigt kaum Korrekturen – mit Ausnahme zur Freistellung des Stammes bis zu einer Höhe von wenigstens 30 Zentimetern, um zu vermeiden, dass die Früchte auf den Boden sinken. Die Krone der Bitterorangen unter Gewächshaus- oder Wintergartenbedingungen erfährt gegebenenfalls am Ende der Wintersaison eine Korrektur.

Zitrone

Citrus limon

Rautengewächse Rutaceae

Platzbedarf und Schnitt
Abhängig von der Unterbringungsmöglichkeit. Nur im Mittelmeerraum oder geräumigen Glashäusern 3 m bis 6 m x 3 m bis 6 m.

Resistenz
Frostempfindlich; Minimum 3–5 °C.

Reifezeit
Viele Sorten tragen fast das ganze Jahr über Früchte.

Ansprüche
Im Freiland: humusreicher, gut drainierter Boden; sonniger Standort. Unter Glas: auf gut nährstoffversorgtes Substrat achten.

Bestäubung
Selbstbefruchter.

Parasiten und Krankheiten
Schildlaus und Milben. Unter Glas: Gemeine Spinnmilbe, Gewächshaus-Weiße Fliege, Schildlaus.

Empfehlenswerte Sorten
›Bearss‹,
›Eureka‹,
›Meyers‹,
›Ponderosa‹,
›Villa Franca‹.

Die Zitrone ist zweifellos die am meisten verarbeitete Zitrusfrucht. Ihr Saft ist die Basis für viele Getränke und kommt in der Küche sehr häufig auch auf andere Art zur Verwendung. Die ovalen, circa sieben bis zwölf Zentimeter langen Früchte werden durch eine warzenartige Erhebung am Ende charakterisiert. Die Schale besitzt die leuchtende, sprichwörtlich zitronengelbe Färbung – die gelegentlich von grünen oder helleren Streifen unterbrochen wird. Das Fruchtfleisch ist blassgelb, sehr saftig und sauer. Unter den Zitronen gibt es auch eine kernlose Sorte.

Die Pflanze

Citrus limon ist ein kleiner, immergrüner Baum. An dornenbewehrten Stämmen sitzen glänzende Laubblätter von sechs bis elf Zentimeter Länge. Es handelt sich möglicherweise um eine Hybride des Zitronatzitronenbaumes *Citrus medica* und der Limette *Citrus aurantiifolia*, zweifellos jedoch stammt sie aus dem Nordwesten Indiens. Die cremefarbenen, im Durchmesser ungefähr vier Zentimeter großen Blüten zeigen auf der Außenseite der Blütenblätter eine schwache Purpurtönung und verbreiten einen leichten Duft. Sie blühen hauptsächlich vom Frühling bis zum Sommer, aber ebenfalls zu anderen Zeiten. Wenn Sie einen besonders verführerischen Strauch suchen, sollten Sie die Sorte ›Variegata‹ oder ›Foliis Variegatis‹ mit cremefarben panaschiertem Laub wählen. Der Zitronenbaum ist etwas kälteempfindlicher als der Orangenbaum und gedeiht besser in den milden mediterranen Küstenregionen. Unter mitteleuropäischen Bedingungen ist die Verwendung als Kübelpflanze zweckmäßig.

Schnitt und Erziehung

Jungpflanzen sollten Sie kürzen, um einen strauchigen Wuchs anzuregen. Die ausgewachsene Pflanze schneiden Sie auf die Ausmaße zurück, die die Unterbringung der Kübelpflanze im Winterquartier gewährleisten. Der Zitronenbaum sollte eine Mindeststammhöhe von 30 Zentimetern besitzen, damit die Früchte nicht auf den Boden sinken.

Gelbfleischige Grapefruit

Citrus x *paradisi* — Rautengewächse Rutaceae

Synonym: *Citrus* x *aurantium* Grapefruitgruppe

Platzbedarf und Schnitt
Für Mittelmeergärten im Freiland 4,50 m bis 6 m x 4,50 m bis 6 m; unter Glas abhängig von den räumlichen Gegebenheiten.

Resistenz
Frostempfindlich, Minimum 3–5 °C.

Reifezeit
Ab Herbst bis Frühling; unter günstigen Klimabedingungen auch in anderen Jahreszeiten.

Ansprüche
Freiland: hohe Ansprüche an Humusgehalt und gleichmäßige Wasserversorgung im Oberboden; sie verträgt keine Staunässe; sonniger Standort und eine dem Bodentyp angepasste Propfunterlage. Unter Glas: Standardsubstrate gemischt mit Vorratsdünger.

Bestäubung
Selbstbefruchter.

Parasiten und Krankheiten
Milben, Schildlaus, verschiedene Pilzerkrankungen, Virosen. Unter Glas: Gemeine Spinnmilbe, Gewächshaus-Weiße Fliege und Schildlaus.

Empfehlenswerte Sorten
›Duncan‹,
›Marsh‹,
›Oroblanco‹,
›Sweetie‹.

Die fast vollkommen runde Grapefruit (ein deutscher Name hat sich nicht eingebürgert, und die Grapefruit ist nicht mit der Pampelmuse *Citrus maxima* zu verwechseln) erreicht zehn bis zwölf Zentimeter Durchmesser. Die markige und aromatische Schale schützt ein blasses und sehr saftiges, zitrusfrisches bis herbsäuerliches, leicht bitter schmeckendes, gelbes Fruchtfleisch. Die die Segmente umhüllenden, dünnen Häute schmecken bitter. Bestimmte Sorten bieten Früchte ohne Kerne.

Die Pflanze

Die Vorgeschichte der Grapefruit ist wie die der meisten Zitrusfrüchte außerordentlich kompliziert, sodass sich bis heute noch kein klarer Stammbaum abzeichnet. Doch es ist durchaus wahrscheinlich, dass die Grapefruit eine Kreuzung zwischen Pampelmuse *Citrus maxima* und Apfelsine *Citrus sinensis* ist. Dieser immergrüne, strauchartig wirkende Baum trägt kurze, biegsame und bedornte Zweige, die mit dunkelgrünen, ledrigen, ungefähr siebeneinhalb bis 15 Zentimeter langen Blättern belaubt sind. Die weißen, oft intensiv duftenden, im Durchmesser etwa vier Zentimeter großen Blüten blühen meist im Frühling und Sommer. Unter unseren mitteleuropäischen klimatischen Bedingungen empfiehlt sich die Kübelhaltung im Garten mit Überwinterungsmöglichkeit oder die Anzucht unter Glas, zum Beispiel im Wintergarten.

Schnitt und Erziehung

Ziel des Erziehungsschnitts der jungen Pflanzen ist ein ausgewogener, buschiger Wuchs durch Einkürzen des Leitastes. Dennoch sollte der Stamm keinesfalls niedriger als 30 Zentimeter ausfallen, damit die schweren Früchte nicht auf die Erde sinken können. Der Schnitt der einmal eingewachsenen Pflanze beschränkt sich auf ein Mindestmaß und betrifft vor allem die Eingrenzung der Krone und das Entfernen absterbender Äste. Die Räumlichkeiten im Gewächshaus oder Wintergarten bestimmen die Höhe und die Kronengestaltung der Grapefruit.

Rosafleischige Grapefruit

Citrus x paradisi

Rautengewächse Rutaceae

Platzbedarf und Schnitt
Für Mittelmeergärten im Freiland 4,50 m bis 6 m x 4,50 m bis 6 m; unter Glas abhängig von den räumlichen Gegebenheiten.

Resistenz
Frostempfindlich; Minimum 3–5 °C; Überwinterung um 12 °C.

Reifezeit
Ab Herbst bis Frühling; unter günstigen Klimabedingungen auch in anderen Jahreszeiten.

Ansprüche
Freiland: hoher Humusgehalt und gleichmäßige Wasserversorgung im Oberboden; verträgt keine Staunässe; sonniger Standort und eine dem Bodentyp angepasste Propfunterlage. Unter Glas: Standardsubstrate gemischt mit Vorratsdünger.

Bestäubung
Selbstbefruchter.

Parasiten und Krankheiten
Milben, Schildlaus, verschiedene Pilzerkrankungen, Virosen. Unter Glas: Gemeine Spinnmilbe, Gewächshaus-Weiße Fliege und Schildlaus.

Empfehlenswerte Sorten
›Foster‹,
›Redblush‹,
›Star Ruby‹.

Äußerlich sind die rosafleischigen Grapefruits in Form und Größe kaum von gelbfleischigen Früchten zu unterscheiden. Das saftige, kräftig rosa gefärbte Fruchtfleisch jedoch erfrischt mit einer fruchtigen Süße ohne den sonst typischen bitteren Beigeschmack. Im Gegensatz zu den Fruchtsäften der gelbfleischigen Grapefruitsorten erfreuen sich die Fruchtsäfte der rosafleischigen Sorten zunehmender Beliebtheit. Beide Grapefruitsorten sind eine hervorragende Frühstücksergänzung. Die Frucht galt lange Zeit als außerordentlich gesundheitsfördernd. Doch ist sie im Zusammenhang mit Medikamenteneinnahme (Blutdrucksenkern usw.) mit Vorsicht zu genießen.

Die Pflanze

Mit Ausnahme der Frucht, vor allem dem Fruchtfleisch, das je nach Sorte von Hellrosa bis zu einem tiefen Rubinrot gefärbt ist, sind die beiden Zitrussorten nicht zu unterscheiden. Zuweilen verfärbt sich auch die Schale rosa. Die Sorte ›Redblush‹ umfasst in Wirklichkeit eine Sortengruppe, die auch wohlbekannte Sorten wie ›Ruby‹, ›Ruby Red‹, ›Red Radiance‹ und ›Webb‹ umfasst. Alle Sorten sind kernlos – bis auf eine. Sie bildet Kerne aus, die allerdings sehr klein ausfallen. In unseren Breiten empfiehlt sich die Kübelhaltung. Im Mai/Juni können die Pflanzen aus dem Winterquartier in den Garten, auf die Terrasse oder den Balkon gebracht werden.

Schnitt und Erziehung

Ziel des Erziehungsschnitts bei der jungen Pflanze ist ein ausgewogener, buschiger Wuchs durch Einkürzen des Leitastes. Dennoch sollte der Stamm keinesfalls niedriger als 30 Zentimeter sein, damit die schweren Früchte nicht auf die Erde sinken können. Der Schnitt der einmal eingewachsenen Pflanze beschränkt sich auf ein Mindestmaß und betrifft vor allem die Eingrenzung der Krone und das Entfernen absterbender Äste.

Mandarine

Citrus reticulata
Gruppe Mandarine

Rautengewächse Rutaceae

Platzbedarf und Schnitt
Nach etlichen Jahren 7,50 m x 7,50 m, wesentlich weniger bei Zwergsorten.

Resistenz
Weniger frostempfindlich, einige Sorten vertragen bis –12 °C; sonst Minimum 3–5 °C. Bei empfindlicheren Sorten leiden die Früchte bei zu tiefen Temperaturen.

Reifezeit
Herbst bis Winter.

Ansprüche
Im Freiland: fruchtbarer Boden, neutral bis schwach sauer; vollsonniger Standort; verträgt zeitweise Trockenheit. Unter Glas: gedüngtes Standardsubstrat.

Bestäubung
Hauptsächlich Selbstbefruchter; Kreuzbestäubung verbessert den Fruchtansatz einiger Sorten.

Parasiten und Krankheiten
Milben, Schildlaus. Unter Glas: Gemeine Spinnmilbe, Gewächshaus-Weiße Fliege, Schildlaus und Schmierläuse.

Empfehlenswerte Sorten
›Changsa‹,
›Le-dar‹,
›Emperor‹,
›Oneco‹.

Die Mandarinen sind kleine Zitrusfrüchte mit dünnerer Schale. Die abgeflachten Früchte erreichen eine Breite von sechseinhalb Zentimetern. Die Schale trennt sich leicht vom reifen Fruchtfleisch. Die süße und saftige Frucht lässt sich problemlos in Segmente aufteilen und überall, auch auf Reisen, genießen. Die Mandarine wird ebenfalls als Konserve angeboten, denn sie hält sich schlecht im natürlichen Zustand.

Die Pflanze

Die Art *Citrus reticulata* umfasst drei Gruppen: Mandarine, Clementine und Satsuma, wobei Satsuma manchmal als die eigene Art *Citrus unshiu* aufgefasst wird. Der etwa zwei bis fünf Meter hohe Mandarinenbaum ist ein immergrüner Baum mit kaum bedornten, fast dornenlosen Zweigen und schwarzgrünen, ledrig glänzenden Laubblättern von etwa vier Zentimeter Länge. Die reinweißen, im Durchmesser ungefähr zweieinhalb Zentimeter großen Blüten öffnen sich im Frühling und im Sommer, können jedoch ebenfalls in einer anderen Saison erscheinen. Man nimmt an, dass der Mandarinenbaum aus Südostasien und von den Philippinen stammt. Momentan wird er in großem Maßstab im Fernen Osten kultiviert, denn er gedeiht in den subtropischen Regionen gut. Die Mandarine ist unter den Zitrusfrüchten eine der kälteverträglichsten Arten. In den Bergen Chinas kennt man Sorten auf kälteresistenten Unterlagen, die angeblich Temperaturen von –12 °C unbeschadet überlebt haben sollen. Auch an den Boden stellt die Mandarine keine besonderen Ansprüche und hält längeren Trockenperioden stand.

Schnitt und Erziehung

Im Freiland fordern die kleinen Bäume wenig Platz – was besonders auf Zwergsorten zutrifft. In den drei ersten Jahren wird man die Stämme in der Übergangszeit zwischen Winter und Frühling kürzen, um einen strauchigen Wuchs zu fördern. Unter Kalthaus- oder Wintergartenbedingungen sind die Ausmaße der Pflanze an die Platzverhältnisse anzupassen.

Satsuma-Mandarine

Citrus reticulata Rautengewächse Rutaceae

Synonym: *Citrus unshiu* Gruppe Satsuma

Platzbedarf und Schnitt
Nach etlichen Jahren 7,50 m x 7,50 m, wesentlich weniger bei Zwergsorten.

Resistenz
Weniger frostempfindlich; Minimum 3–5 °C. Bei empfindlicheren Sorten leiden die Früchte bei zu tiefen Temperaturen; einige Sorten überleben bis –12 °C.

Reifezeit
Herbst bis Winter.

Ansprüche
Im Freiland: fruchtbarer Boden, neutral bis schwach sauer; vollsonniger Standort; verträgt zeitweise Trockenheit. Unter Glas: gedüngtes Standardsubstrat.

Bestäubung
Hauptsächlich Selbstbefruchter. Kreuzbestäubung verbessert den Fruchtansatz einiger Sorten.

Parasiten und Krankheiten
Milben, Schildlaus, verschiedene Pilzerkrankungen. Unter Glas: Gemeine Spinnmilbe, Gewächshaus-Weiße Fliege, Schildlaus und Schmierläuse.

Empfehlenswerte Sorten
›Kara‹,
›Owari‹,
›Wase‹ (Zwergsorte).

Die Satsumafrüchte sind rund, manchmal schwach birnenförmig und erreichen sechs Zentimeter im Durchmesser. Die Schalenfarbe reicht vom Orange der Apfelsine bis zu einem Gelborange. Das ebenfalls gelborange, saftige Fruchtfleisch verbreitet einen aromatischen Duft. Bestimmte Sorten sind gänzlich oder fast ohne Samen.

Die Pflanze

Der seit Jahrhunderten in Japan kultivierte, immergrüne Satsumabaum ist fast dornenlos und eine Hybride zwischen Orange und Mandarine. Obwohl die Satsumafrucht – hauptsächlich wegen gärtnerischer und handelsüblicher Konventionen – der Mandarine zugeordnet wird, wird sie aus botanischer Sicht nunmehr als eigenständige Art aufgeführt. Die etwa vier Zentimeter langen Laubblätter sind meist etwas breiter als die der Mandarine. Die weißen, im Durchmesser zweieinhalb Zentimeter großen Blüten öffnen sich hauptsächlich im Frühling und Sommer. Die meisten Sorten der Gruppe Satsuma erzielen die besten Ergebnisse unter subtropischen Klimabedingungen.

Schnitt und Erziehung

Im Freiland fordern die kleinen Bäume wenig Platz. Das gilt vor allem für Zwergsorten. In den drei ersten Jahren wird man die Stämme in der Übergangszeit zwischen Winter und Frühling kürzen, um einen strauchigen Wuchs zu fördern. Im Kalthaus oder Wintergarten sind die Ausmaße der Pflanze an die Platzverhältnisse anzupassen.

Clementine

Citrus reticulata
Gruppe Clementine

Rautengewächse Rutaceae

Platzbedarf und Schnitt
Nach etlichen Jahren 7,50 m x 7,50 m; wesentlich weniger bei Zwergsorten.

Resistenz
Weniger frostempfindlich; Minimum 3–5 °C.

Reifezeit
Herbst bis Winter.

Ansprüche
Im Freiland: fruchtbarer Boden, neutral bis schwach sauer, reichlich Sonne; verträgt zeitweise Trockenheit.
Unter Glas: gedüngtes Standardsubstrat.

Bestäubung
Hauptsächlich Selbstbefruchter; Kreuzbestäubung verbessert den Fruchtansatz einiger Sorten.

Parasiten und Krankheiten
Milben, Schildlaus, verschiedene Pilzerkrankungen.
Unter Glas: Gemeine Spinnmilbe, Gewächshaus-Weiße Fliege, Schildlaus und Schmierläuse.

Empfehlenswerte Sorten
›Cleopatra‹,
›Dancy‹,
›Ponkan‹,
›Robinson‹,
›Sunburst‹.

Clementinen sind vermutlich Hybriden aus *Citrus reticulata* und anderen Zitrusarten. Sie bilden runde oder elliptische Früchte von ungefähr acht Zentimeter Durchmesser aus. Die Schale ist orangefarben, jedoch rötlicher getönt als die der Mandarine, glatt und ölig glänzend. Das Fruchtfleisch ist orange und besitzt eine fruchtige Süße. Bestimmte Sorten produzieren viele Samen, doch im Handel werden zumeist kernlose Früchte angeboten. Die Clementinen eignen sich für den Sofortverbrauch.

Die Pflanze

Die Clementine ist ein immergrüner Baum mit praktisch dornenlosen Zweigen und dunkelgrünen, ledrigen Laubblättern von etwa vier Zentimeter Länge. Die weißen, in etwa zweieinhalb Zentimeter im Durchmesser großen Blüten öffnen sich hauptsächlich im Frühling bis Sommer, aber es ist nicht ungewöhnlich, wenn sie auch zu anderen Zeiten blühen. Die Pflanze fühlt sich im subtropischen Klima, zum Beispiel des Mittelmeeres, besonders wohl. So konfus der Namensgebrauch (wird häufig mit Mandarine, Tangerine, Satsuma verwechselt oder in einen Topf geworfen) ist, so verwirrend sind auch die Geschichten über ihre Entstehungsweise und Herkunft.

Schnitt und Erziehung

Im Freiland fordern die kleinen Bäume wenig Platz, was besonders für Zwergsorten gilt. In den drei ersten Jahren wird man die Stämme in der Übergangszeit zwischen Winter und Frühling kürzen, um einen strauchigen Wuchs zu fördern. Im Kalthaus oder Wintergarten wird man automatisch die Ausmaße der Pflanze an die Platzverhältnisse anpassen.

Orange

Citrus sinensis
Synonym: Apfelsine

Rautengewächse Rutaceae

Platzbedarf und Schnitt
Im Freiland 7,50 m x 7,50 m, unter Glas deutlich weniger.

Resistenz
Frostempfindlich; Minimum 3–5 °C und bis 0 °C bei älteren Pflanzen.

Reifezeit
Sehr unterschiedlich; frühe Sorten ab September, späte ab März.

Ansprüche
Im Freiland: humusreicher Boden, gut drainiert; sonniger Standort.
Unter Glas: nährstoffreiche Blumenerde.

Bestäubung
Hauptsächlich Selbstbefruchter; Kreuzbestäubung verbessert den Fruchtansatz einiger Sorten.

Parasiten und Krankheiten
Milben, Schildlaus, verschiedene Pilzerkrankungen.
Unter Glas: Gemeine Spinnmilbe, Gewächshaus-Weiße Fliege, Schildlaus und Schmierläuse.

Empfehlenswerte Sorten
›Pineapple‹,
›Ruby‹ (rotfleischig),
›Saint Michael‹ (rotfleischig),
›Trovita‹,
›Valencia Late‹,
›Washington Navel‹.

Die Apfelsine besitzt eine runde oder leicht ovale Fruchtform von sechseinhalb bis neun Zentimeter Durchmesser. Die orangefarbene oder gelbe äußere Schale (Exokarp) besitzt wie bei allen Zitrusfrüchten zahlreiche, mit ätherischen, brennbaren Ölen gefüllte Öldrüsen, die aufgeplatzt einen aromatischen Duft verströmen. Die weiße Schale darunter (Mesokarp) hat eine schwammige Beschaffenheit. In den von Häutchen (Endokarp) umgebenen Segmenten befindet sich das saftige, säuerlich-süße Fruchtfleisch. Die Sorten der Blutorangen bilden mehr oder weniger intensiv weinrotes Fruchtfleisch aus.

Die Pflanze

Der bereits im 15. Jahrhundert nach Europa eingeführte Orangenbaum ist ein sieben bis zehn Meter hoher, immergrüner Baum, dessen Zweige dünne, halbelastische Dornen tragen. Die Länge der Blätter variiert zwischen sechseinhalb und 15 Zentimetern. Die aromatisch duftenden, bis zu fünf Zentimeter großen, weißen Blüten öffnen sich hauptsächlich im Frühling. Wahrscheinlich ist die Pflanze eine Kulturhybride aus dem Süden Chinas oder aus Südostasien. Ihre winterlichen Ruheperioden weisen eher auf eine subtropische als eine tropische Anpassung hin. Einige Sorten bilden keine Samen aus. In unseren Breiten empfiehlt sich die Kübelhaltung mit Überwinterungsmöglichkeit.

Schnitt und Erziehung

Der Schnitt der Bäume beschränkt sich hauptsächlich auf die Wahrung oder die Korrektur der Kronenform. Das gilt besonders unter den Bedingungen im Glashaus. Ansonsten schneidet man so wenig wie möglich. Da die Bäume zu einem etwas ausgeprägteren Stammwachstum neigen als die anderen Zitrusarten, ist es empfehlenswert, den Leitrieb der Jungpflanze rechtzeitig einzukürzen. Die Stammhöhe sollte wie bei den anderen Zitruspflanzen 30 Zentimeter nicht unterschreiten.

Kumquat

Fortunella ssp. Rautengewächse Rutaceae

Runde Kumquat *Fortunella japonica*,
Ovale Kumquat *Fortunella margarita*

Platzbedarf und Schnitt
2,40 m bis 4,50 m x 2,40 m bis 4,50 m.

Resistenz
Wenig frostempfindlich; Minimum 7 °C. Die ausgewachsene Pflanze produziert reichlich Früchte.

Reifezeit
Hauptsächlich im Herbst und Winter.

Ansprüche
Humusreicher Boden, gut drainiert; sonniger Standort.
Unter Glas: gedüngte Blumenerde.

Bestäubung
Selbstbefruchter.

Parasiten und Krankheiten
Milben, Schildlaus, verschiedene Pilzerkrankungen.
Unter Glas: Gemeine Spinnmilbe, Gewächshaus-Weiße Fliege, Schildlaus.

Empfehlenswerte Sorten
›Hong Kong‹, ›Marumi‹, ›Melwa‹, ›Nagami‹, *Fortunella hindsii* (Mini-Kumquat).

Die Kumquats sind kleine, längliche, circa drei bis vier Zentimeter lange Früchte. Die lebhaft orangefarbene Schale ist mit zahlreichen, ätherische Öle absondernden Öldrüsen gesprenkelt. Das blässliche Fruchtfleisch ist wenig saftig und sauer. Die Frucht wird mit Schale verzehrt. Eingekocht erhält man von den Früchten eine sehr pikante Marmelade.

Die Pflanze

Kumquat ist ein immergrünes Gehölz mit langsamem Wuchs. Die Arten und Sorten sind wie die Limetten sehr kleinwüchsig, aber je nach Art oder Sorte unterschiedlich klein. Die Zweige sind mehr oder weniger dornig, doch alle Arten besitzen weiße, süßlich duftende Blüten von einem Zentimeter Durchmesser. Sie blühen hauptsächlich im Frühling und im Sommer. Die glänzend grünen Blätter erreichen eine Länge von zehn Zentimeter. Man nimmt an, dass die Kumquatpflanze aus China stammt. Im Gegensatz zur Mehrzahl der Zitrusgewächse besitzt sie eine ausgeprägte Ruhephase im Winter, ist also gut gewappnet, kältere Winterperioden, zum Beispiel unter einer überdachten Veranda, unbeschadet zu überstehen. Die süßesten Früchte werden jedoch in den sehr warmen Regionen produziert. Wegen ihres kompakten Wuchses eignet sich Kumquat hervorragend als Topfpflanze.

Schnitt und Erziehung

Kumquat schneidet man zum Winterende, während der Ruheperiode. Die ausgewachsenen Pflanzen benötigen wegen ihres langsamen, buschigen Wachstums fast keine Schnittregulierung der Krone. Unter Gewächshausbedingungen wird man einen Schnitt nur dann durchführen, wenn aus Platzgründen etwas zurückgeschnitten werden muss. Es ist empfehlenswert, die Wurzeln der erwachsenen Pflanzen von Zeit zu Zeit beim Umpflanzen zu beschneiden, um zu vermeiden, dass sie verfilzen.

Schalenfrüchte

Cashew
Ess- oder Edelkastanie
Gemeine Hasel und Lambertshasel
Echte Walnuss
Macadamia
Mandel

Cashew

Anacardium occidentale

Sumachgewächse Anacardiaceae

Platzbedarf und Schnitt
Bis 12 m x 12 m; meist sind die Bäume breiter als hoch.

Resistenz
Minimum –1,1 bis 4,4 °C; nicht frostverträglich.

Reifezeit
Drei Monate nach der Blüte.

Ansprüche
In geringmächtigen, armen, gut drainierten, grobsandigen Substraten, denen im Sommer geringe Dosen organischen Düngers hinzugefügt wurden; sonniger Standort.

Bestäubung
Selbstbefruchter; die Bestäubung mit einem Pinsel verbessert allerdings den Erfolg.

Parasiten und Krankheiten
Gewächshaus-Weiße Fliege und Thrips, Gemeine Spinnmilbe, Rüsselkäfer, verschiedene Pilzerkrankungen.

Wissenswertes
Üblich ist die Vermehrung durch Aussaat an Ort und Stelle, denn die Keimlinge vertragen eine Verpflanzung sehr schlecht. Aus diesem Grund existieren nur sehr wenige Sorten.

Die Frucht des Kaschubaums setzt sich aus zwei verschiedenen Teilen zusammen. Der fleischig verdickte Blütenstiel (Arillus) ähnelt in voll ausgereiftem Zustand einer roten Paprika. Diese Scheinfrucht mit schwammigem Gewebe ist bekannt als Kaschuapfel und schmeckt leicht süßsäuerlich. Allerdings verdirbt sie sehr schnell und ist deshalb nicht im Handel. An diesem fleischigen Fruchtstiel sitzt die nierenförmige, zwei Zentimeter lange Steinfrucht – die Cashewnuss (also aus botanischer Sicht keine Nuss). Die toxischen Stoffe der Fruchtschale müssen durch einen Röstungs- oder Erhitzungsprozess ungiftig gemacht werden.

Die Pflanze

Die Gattung der Kaschus stammt aus dem tropischen Amerika, die Art jedoch, die die essbaren Nüsse produziert, wird mittlerweile in Malaysia kultiviert. Dieser immergrüne Baum hat glatte, ganzrandige, ledrige Blätter von bis zu 15 Zentimeter Länge. Die kleinen gelben bis rosafarbenen Blüten, die die Nacht mit ihrem süßen Duft würzen, entwickeln sich in losen, ungefähr zehn bis 20 Zentimeter langen Rispen und entfalten sich am Anfang der Regenzeit. Der Baum breitet sich erstaunlich schnell in den Küstenregionen – aber nicht auf Salzböden – aus. Ein erfolgreicher Fruchtansatz setzt eine vorherige Periode der Trockenheit voraus.

Schnitt und Erziehung

Man kann die Zweige der jungen Bäume einkürzen, um die Verzweigung zu fördern und damit einen Baum mit offenem Kronengerüst erhalten. Der fertig entwickelte Baum benötigt sehr wenig Schnitt. Dennoch darf er beherzt zurückgeschnitten werden, möchte man sein Ausmaß begrenzen. Allerdings benötigen die Kaschubäume zwei bis drei Jahre, um erneut Früchte zu tragen. Der Baum eignet sich zur Anzucht im Kübel und verlangt – zumindest im Winter – ein Glashaus. Unsere kurzen Sommer reichen für die Fruchtbildung aus.

Ess- oder Edelkastanie

Castanea sativa

Buchengewächse Fagaceae

Platzbedarf und Schnitt
30 m x 15 m.

Resistenz
Sehr robust.

Reifezeit
Herbstmitte.

Ansprüche
Humusreicher, gut drainierter, leicht saurer Boden; Kalkböden werden gemieden; sonniger Standort; beste Erträge in Gebieten mit langen, warmen Sommern.

Bestäubung
Selbstbefruchter.

Parasiten und Krankheiten
Generell wenig anfällig. Kastanienrindenkrebs, Phytophtora, Stängelgrundfäule und andere Bodenpilze können jedoch Probleme verursachen.

Empfehlenswerte Sorten
›Belle Épine‹,
›Bournette‹,
›Doré de Lyon‹,
›Marron de Lyon‹,
›Verdale‹.

Die Kastanien oder Maronen (Früchte der Zuchtsorten) werden seit Menschengedenken auf unterschiedlichste Art und Weise konsumiert. Grundsätzlich kann die geschälte und gehäutete Kastanie geröstet, gekocht, eingelegt, getrocknet, geräuchert, tiefgefroren und püriert werden. Die Kastanie lässt sich nur sehr schwer auf die übliche Weise lagern, da sie schnell verwurmt und schimmelt.

Die Pflanze

Die Edelkastanie ist ein bis zu 30 Meter hoher, weit verbreiteter, sommergrüner Baum, der von Vorderasien über Griechenland in weitere Gebiete Europas eingebürgert wurde, wo er zum Beispiel in Italien und Frankreich sogar Reinbestände bildet. Vielerorts liefern diese Bestände nicht nur die begehrten Kastanien, sondern sind auch Holzlieferant, dienen als Bienenweide und sind Refugium begehrter Speisepilze. Die Pflanze ist einhäusig (monözisch), das heißt, weibliche und männliche Blüten sind auf demselben Baum getrennt vorhanden. Die kleinen, gelbgrünen Blüten erscheinen an kätzchenartigen, hängenden, ungefähr 13 Zentimeter langen Blütenständen im Sommer. Die Früchte mit glänzender Schale sind durch eine stachelige Fruchtschale, bestens geschützt. Allerdings spaltet sich die reife Frucht meist von selbst auf. Außergewöhnlich ist, dass die Laubblätter die ganze Saison über weiterwachsen und zum Schluss 20 Zentimeter und länger werden.

Schnitt und Erziehung

Es empfiehlt sich, den Baum möglichst wenig zu beschneiden. An den erwachsenen Bäumen können mächtige Zweige allerdings gefährlich werden. Diese sind vorsichtshalber von einem Fachmann zu entfernen.

Gemeine Hasel und Lambertshasel

Corylus maxima, Corylus avellana

Birkengewächse Betulaceae

Platzbedarf und Schnitt
4 m x 4 m, weniger bei jährlichem Schnitt.

Resistenz
Sehr robust.

Reifezeit
Herbst.

Ansprüche
Humusreicher Boden, gut drainiert; sonniger bis halbschattiger Standort.

Bestäubung
Selbstbefruchter.

Parasiten und Krankheiten
Eichhörnchen,
Milben,
Mehltau.

Empfehlenswerte Sorten
Corylus avellana ›Casina‹,
›Cosford Cob‹,
›Red Majestic‹,
›Webb's Prize Cob‹;
Corylus maxima ›Butler‹,
›Gunslebert‹,
›Halle'sche Riesennuss‹,
›Kentish Cob‹,
›Purpurea‹,
›Red Filbert‹,
›White Filbert‹.

Haselnüsse sind kleine, runde Samen. Man kann sie gekocht, gehackt oder gemahlen in einigen Kuchensorten verwenden, um diesen ein nussiges Aroma zu verleihen. Die heranreifende Haselnuss liegt in einer becherartigen Fruchthülle mit gezackten Rändern, der sogenannten Cupula. Diese trocknet aus und gibt schließlich die Nüsse frei.

Die Pflanze

Die Hasel ist ein sommergrüner, bis sieben Meter hoher, mehrstämmiger Strauch und seltener ein kleiner Baum, dem man an Waldrändern in nördlichen, gemäßigten Breiten begegnet. Die Hasel ist einhäusig (monözisch), das heißt, männliche und weibliche Blüten sind auf einem Individuum getrennt vorhanden. Die im Winter und im Vorfrühling blühenden, gut sichtbaren männlichen, bis sechs Zentimeter langen, hängenden Kätzchen und unscheinbaren weiblichen Blüten erscheinen im unbelaubten Zustand der Pflanze. Die abgerundeten und grob doppelt gezähnten Laubblätter erreichen einen Durchmesser von zehn Zentimetern. Der Haselstrauch wird nicht nur wegen seiner Früchte kultiviert, sondern auch aufgrund seiner rutenartigen Triebe, die traditionell zur Korbflechterei und Zaunherstellung genutzt werden. Die Korkenzieherhasel *Corylus avellana* ›Contorta‹ ist eine dekorative Zierform.

Schnitt und Erziehung

Die Fruchtstände der Hasel entwickeln sich zumeist am einjährigen Holz. Deshalb steigert eine ständige Holzerneuerung bei offener, lichter Kronengestaltung den Ernteertrag des Haselstrauchs. Die zahlreichen Wurzelstockaustriebe wiederum senken den Nussertrag. Um den Stockaustrieb zu unterbinden, ist es von Vorteil, die Hasel als Nieder- oder Halbstamm zu erziehen und eine Gobeletkrone mit drei bis vier Leitästen aufzubauen. Eine weitere Methode, um die Hasel zur Ausbildung von reichlich weiblichen Blüten, also zum Fruchten, anzuregen, besteht darin, die Triebe zum Sommerende in der Mitte abzuknicken und hängen zu lassen. Im Winter werden die abgeknickten Triebe entfernt.

Echte Walnuss

Juglans regia

Walnussgewächse Juglandaceae

Platzbedarf und Schnitt
30 m x 15 m.

Resistenz
Robust; manche Sorten sind weniger frostempfindlich.

Reifezeit
Herbst.

Ansprüche
Humusreicher, gut drainierter Boden; sonniger Standort. In rauen Lagen fordert der Baum einen geschützten Ort, um zu fruchten.

Bestäubung
Monözisch, Windbestäubung, hauptsächlich aber Selbstbefruchter.

Parasiten und Krankheiten
Walnuss-Filzgallmilbe, Hallimasch und Rotpustelkrankheit.

Empfehlenswerte Sorten
›Broadway‹,
›Buccaneer‹,
›Franquette‹,
›Majestic‹,
›Parisienne‹.

Der Walnusskern mit seiner gewundenen und gefurchten Oberfläche ist durch eine holzige Schale geschützt. Letztere wiederum ist von einer grünen, fleischigen Fruchtschale umgeben, die bei der Reife rissig wird, austrocknet und sich schließlich ablöst. Die geschälten Nüsse sind roh essbar. Aus der Nuss lässt sich ein köstliches, sehr gesundes Öl gewinnen, das sich besonders zur Salatzubereitung eignet. Im Frühsommer kann man die halbreifen, noch unverholzten Nüsse abernten und in Salzwasser, Essig oder Portwein einlegen.

Die Pflanze

Der Walnussbaum ist ein sommergrüner, bis zu 30 Meter hoher Baum, dessen natürliches Verbreitungsgebiet vom Balkan bis nach China und von Zentralrussland bis in den Himalaya reicht. In Mitteleuropa dürfte er durch die Römer eingebürgert worden sein. Der Baum wird nicht nur wegen der Nüsse angebaut, sondern auch aufgrund seines wertvollen Holzes und seiner dekorativen Baumgestalt. Inzwischen existieren zahlreiche Sorten, wobei der deutsche Nusskatalog allein etwa hundert aufführt. Die etwa 30 Zentimeter langen Fiederblätter erscheinen im Frühling gleichzeitig mit den Blüten. Die Walnuss ist einhäusig (monözisch), das heißt männliche und weibliche Blüten sind auf ein und demselben Baum getrennt vorhanden. Die männlichen Blüten bilden hängende, kätzchenartige bis zu 15 Zentimeter lange Blütenstände, während sich die unscheinbaren weiblichen Blüten an der Spitze der Triebe entwickeln.

Schnitt und Erziehung

Auf Schnittmaßnahmen sollte bei der Walnuss weitgehend verzichtet werden. Bei begrenztem Raumangebot empfiehlt sich der Anbau von kompaktwüchsigen Halbstammsorten. Fallen dennoch Schnittarbeiten an, sollten sie am besten einem Fachmann überlassen werden.

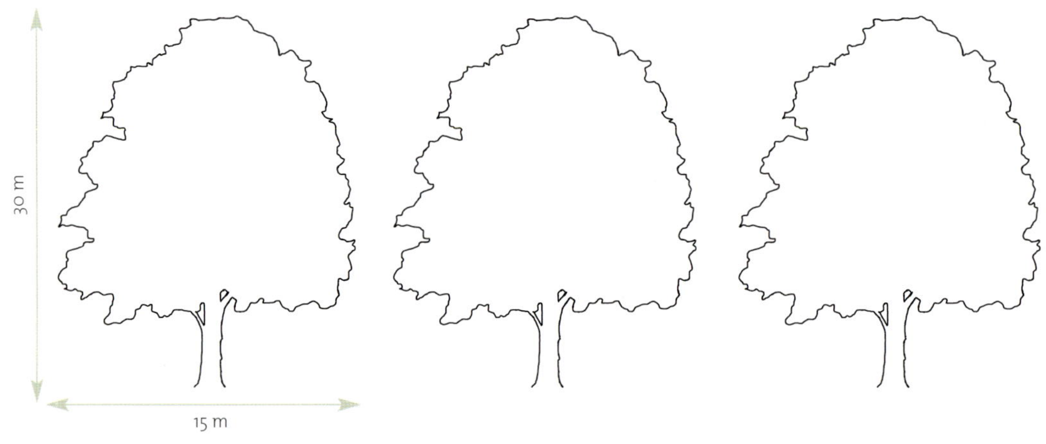

Macadamia

Macadamia integrifolia — Silberbaumgewächse Proteaceae

Platzbedarf und Schnitt
In großen Gewächshäusern 21 m x 15 m, sonst wesentlich kleiner.

Resistenz
Frostempfindlich; Minimum 10 °C. Verträgt kurzzeitig geringe Fröste.

Reifezeit
Spätherbst oder sechs bis sieben Monate nach der Blüte.

Ansprüche
Humusreicher, sandiger, leicht saurer Boden, gut drainiert; sonniger Standort. Unter Glas: Blumenerde bzw. Erikasubstrat mit Laubstreubeimengung.

Bestäubung
Selbstbefruchter.

Parasiten und Krankheiten
Nematoden. Unter Glas: Gemeine Spinnmilbe, Gewächshaus-Weiße Fliege, verschiedene Pilzerkrankungen.

Empfehlenswerte Sorten
›Beaumont‹,
›James‹,
›Kakea‹,
›Keahou‹,
›Pahala‹,
›Smooth Queen‹.

Die steinharte, holzige Frucht des Macadamiabaumes enthält ein oder zwei Samen. Die runde, cremefarbene Macadamianuss von circa einem Zentimeter Durchmesser gilt als eine der nahrhaftesten und geschmacklich besten Nüsse. Man isst sie am besten im rohen Zustand.

Die Pflanze

Die Macadamia ist ein aus den feuchten Tropenwäldern Ostaustraliens und dem indonesischen Sulawesi stammender, immergrüner, sechs bis 30 Meter hoher Baum. Er wird mittlerweile weltweit in den Tropen kultiviert. Die dunkelgrünen, ledrigen Laubblätter mit sanft gewelltem Rand sind bis zu 30 Zentimeter lang. Die kleinen weißen, bei manchen Hybriden rosafarbenen Blüten erscheinen an zylindrischen, würstchenförmigen, zehn bis 30 Zentimeter langen Ähren, die von den Zweigen herabhängen. In seiner Heimat blüht der Macadamiabaum das ganze Jahr, in unseren gemäßigten Regionen im Frühjahr und Sommer. Ein ausgewachsener Baum in voller Blüte ist ein unvergessliches Schauspiel.

Schnitt und Erziehung

Der Schnitt der Jungpflanze konzentriert sich auf die Einkürzung des Leittriebes zur Förderung der Verzweigung über dem Boden. Später wird man die Krone ausgestalten, das heißt, es werden vitale Äste mit passendem Seitenabstand zueinander ausgewählt, während die anderen Äste zurückgeschnitten werden. Den Leittrieb des Stammes wird man von Zeit zu Zeit zurückschneiden, um die Seitenverzweigung weiter zu stimulieren. Die ausgewachsenen Bäume geben sich auch mit kleinen Kronenausmaßen zufrieden; am Ende der Wintersaison werden die Äste entfernt, die in das Innere der Krone hineinwachsen.

Mandel

Prunus dulcis

Rosengewächse Rosaceae

Platzbedarf und Schnitt
5 m bis 6 m x 5 m bis 6 m.

Resistenz
Robust.

Reifezeit
Spätsommer bis Herbst.

Ansprüche
Humusreicher Boden, gut drainiert; sonniger Standort.

Bestäubung
Teilweise Selbstbefruchter, doch der Ertrag wird durch die Nachbarschaft weiterer Mandelsorten gesteigert.

Parasiten und Krankheiten
Blattläuse, Vögel, Pfirsich-Kräuselkrankheit, Silberblattkrankheit und weitere Pilzerkrankungen.

Empfehlenswerte Sorten
›Ayles‹,
›Ferraduel‹,
›Ferragnes‹,
›Guara‹,
›Steliette‹.

Die Mandel ähnelt der Steinfrucht Pfirsich, liefert aber ein ungenießbares Fruchtfleisch, das später ledrig am Stein antrocknet. Erst der Inhalt des Samens ist essbar. Er ist größer als der des Pfirsichs oder anderer Steinfrüchte und sehr wohlschmeckend. Die ovalen Mandeln sind ungefähr zweieinhalb Zentimeter lang. Sie können roh genossen werden. Gleichgültig ob enthäutet oder nicht enthäutet, gequetscht oder gemahlen – die Mandel lässt sich auf vielerlei Art und Weise verwenden. Das Mandelöl wird in der Küche, aber auch in der Kosmetikindustrie verarbeitet. Im Nahen Osten wird der Mandelanbau nachweislich bereits seit der Bronzezeit betrieben. Die Mandel gehört damit zu den ältesten Kulturpflanzen überhaupt.

Die Pflanze

Der Mandelbaum ist ein kleiner, circa drei bis acht Meter hoher, sommergrüner Baum, dem man von Persien über Syrien und die Türkei bis Nordafrika begegnet. Eine lange, heiße Sommerperiode ist für den Reifeprozess Voraussetzung. Die weißen oder zartrosa gefärbten, im Durchmesser ungefähr zwei Zentimeter großen Blüten öffnen sich ab Spätwinter bis Frühling vor dem Austrieb des Laubes und überziehen in den Anbaugebieten ganze Landstriche mit einem märchenhaften Blütenteppich. Die feingekerbten, lanzettlichen Laubblätter sind bis zu zwölf Zentimeter lang. Eine Mandelsorte wird nur zu Zierzwecken gezüchtet und zeigt einen Flor aus entzückenden gefüllten, rosafarbenen Blüten.

Schnitt und Erziehung

Im Mittelmeergebiet lässt man die Mandel zu einem Baum mit Rundkrone und Stamm heranwachsen, den man so wenig wie möglich schneidet. Um die Mandel hierzulande zum Fruchten anzuregen, empfiehlt sich die Erziehung zum Fächerspalier an einer warmen Mauer. Die Kronenerziehung erfolgt auf gleiche Weise wie beim Pfirsichbaum (siehe Seite 76).

Obst von Rank-pflanzen

Kiwi (Chinesischer Strahlengriffel)
Passionsfrucht
Blaue Weintraube
Weiße Weintraube

Kiwi (Chinesischer Strahlengriffel)

Actinidia deliciosa Strahlengriffelgewächse Actinidiaceae

Platzbedarf und Schnitt
10 m x 10 m, weniger als Spalier.

Resistenz
Robust.

Reifezeit
Herbst.

Ansprüche
Humusreicher, stetig wasserversorgter Boden mit größerem Sandanteil, gut drainiert; sonniger Standort; vernässte Böden verträgt die Kiwi nicht.

Bestäubung
Männliche und weibliche Pflanzen müssen zusammengepflanzt werden, aber es gibt Selbstbefruchter unter den weiblichen Pflanzen.

Parasiten und Krankheiten
Nematoden und Gallen, Thrips, Schildlaus, Phytophtora Stängelgrundfäule, Grauschimmelfäulnis.

Empfehlenswerte Sorten
›Allison‹ (weiblich), ›Atlas‹ (männlich), ›Blake‹ (weiblich, Selbstbefruchter), ›Hayward‹ (weiblich), ›Jenny‹ (weiblich, Selbstbefruchter), ›Matua‹ (männlich), ›Tomuri‹ (männlich).

Diese saftigen, ovalen bis walzenförmigen Früchte sind reich an Vitamin C und werden fast ausschließlich roh verbraucht, eignen sich jedoch auch für die Zubereitung von Marmeladen und Konserven. Sie können eine Länge von sechseinhalb Zentimeter erreichen. Die pelzige, manchmal seidige Schale ist braun bis rostrot und nicht genießbar.

Die Pflanze

Kiwi ist eine sommergrüne, ausdauernde Liane oder Kletterpflanze mit kräftigen, verholzenden Trieben, deren große, nahezu kreisförmige Laubblätter bis zu 20 Zentimeter Länge und Breite erreichen. Ursprünglich stammt der Strahlengriffel aus China. Männliche und weibliche Blüten befinden sich auf getrennten Pflanzen, das heißt, die Kiwipflanze ist zweihäusig und damit auf Fremdbestäubung angewiesen. Die duftenden Blüten sind weiß, wenn sie sich im Frühling öffnen, und verfärben sich in der Folgezeit gelbbraun. Diese Kletterpflanze fühlt sich in Regionen mit regelmäßigen Niederschlägen und seltenen Herbstfrösten sowie in Weinbaugebieten am wohlsten.

Schnitt und Erziehung

Kiwi zieht man entlang eines robusten Gitterwerkes (minimale Höhe zweieinhalb Meter) mit horizontalen Spanndrähten (Abstand circa 60 bis 80 Zentimeter) oder einer Pergola. In Gegenden, die von stärkeren Frösten und Spätfrösten heimgesucht werden, lässt sie sich entlang eines Klettergerüsts auch an warmen, geschützten Hausmauern hochziehen. Weibliche Exemplare pflanzt man im Abstand von drei bis vier Metern. Männliche Pflanzen kann man dazwischensetzen, denn sie stellen weniger Platzansprüche. Man führt einen kräftigen Leittrieb senkrecht nach oben, während Seitentriebe an horizontalen Drähten geführt werden. Im Abstand von etwa 50 Zentimetern belässt man diese Triebe, an denen die Früchte im folgenden Jahr reifen. Sobald sie fünf Laubblätter tragen und während des laufenden Wachstums wird man alle untergeordneten Triebe dort abtrennen, wo sie erscheinen. Im darauffolgenden Sommer wird man einige der größten Blätter entfernen, um Licht an die Früchte zu lassen, und die neuen Triebe bis auf fünf Blättern kürzen; sie werden im folgenden Jahr Früchte tragen. Die abgeernteten Triebe kappen Sie bis auf zwei Augen zurück.

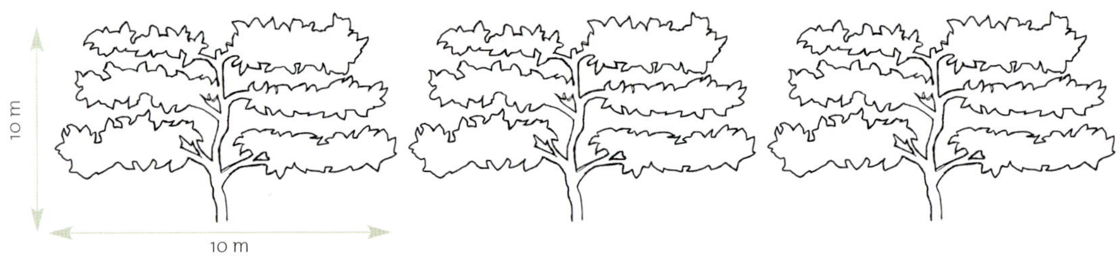

Passionsfrucht

Passiflora edulis

Passionsblumengewächse Passifloraceae

Synonyme: Purpurgranadilla, Maracuja

Platzbedarf und Schnitt
5 m x 5 m ohne Schnitt.

Resistenz
Frostempfindlich, Minimum 16 °C.

Reifezeit
Je nach Sorte unterschiedlich.

Ansprüche
Humus- und sandreicher Boden, gut drainiert; sonniger Standort. Unter Glas: Blumenerde mit grober Sandbeimischung; im Sommer vor direkter Sonneneinstrahlung schützen.

Bestäubung
Selbststeril. Die Bestäubung zwischen zwei Sorten oder die manuelle Bestäubung zwischen verschiedenen Pflanzen ist unbedingt nötig.

Parasiten und Krankheiten
Thrips,
Schildlaus,
Schmierläuse.
Unter Glas:
Gemeine Spinnmilbe,
Gewächshaus-Weiße Fliege,
Schildlaus.

Empfehlenswerte Sorten
›Crackerjack‹,
Passiflora edulis f. Flavicarpa,
›Golden Nugget‹,
›Norfolk‹,
›Panama Gold‹,
›Possum Purple‹.

Die rundlichen, etwa fünf Zentimeter großen Früchte, die im Handel als Maracuja angeboten werden (botanisch Beeren), besitzen dicke, nicht essbare Schalen. Die taschenförmigen, häutigen Hohlräume der Frucht sind mit gallertartigem, orangefarbenem, sehr saftigem Fruchtfleisch gefüllt, das bis zu 250 kleine, knackige, schwarze bis dunkelbraune Samen enthält, die ebenfalls essbar sind.

Die Pflanze

Die Purpurgranadilla ist eine langlebige, immergrüne, verholzende Liane aus Brasilien, die dank korkenzieherartiger, beweglicher Sprossranken (die aus Blütenstielen entstanden sind) ein Gerüst erklimmen. Die duftenden, prachtvollen Blüten (circa siebeneinhalb Zentimeter im Durchmesser) besitzen neben grünlich weißen Blütenblättern einen prachtvollen, innen purpurvioletten, außen weiß umringten, flammend gewellten Strahlenkranz. Das auffällige, kreuzartig symbolhafte (daher der Name) Androgynophor (Träger männlicher und weiblicher Geschlechtsorgane) ist grünlich. Leider öffnet sich die Blüte nur für einen Tag. Passionsblumen blühen je nach Sorte zu verschiedenen Zeiten im Jahr, etliche Sorten davon sogar zweimal, andere wiederum das ganze Jahr über. Die glänzenden, ausgeprägt dreilappigen Laubblätter sind kräftig grün und bis zu 20 Zentimeter lang. Diese wuchsfreudige Pflanze benötigt im subtropischen Klima Windschutz. Die zu Handelszwecken angebauten Früchte sind matt purpurgrün, doch neue Sorten erzeugen auch gelbe Früchte.

Schnitt und Erziehung

Die Passionsblume verlangt eine Kletterhilfe, die zwei Meter Höhe nicht unterschreiten sollte. Eine solche Kletterhilfe kann aus einem Pfostenrahmen mit waagerecht daran befestigten Spanndrähten bestehen. Andernfalls kann man einen Trieb der Passionsblume senkrecht auf einem Drahtseil bis in eine Höhe von zwei Metern führen und das Triebende abtrennen, um die Verzweigung anzuregen. Danach wählt man zwei starke Seitentriebe aus, die an den waagerechten Drähten entlanggeführt werden; die sich daraus entwickelnden Triebe belässt man. Sie bilden einen Vorhang, an dem sich die Früchte entwickeln können. Nach der Befruchtung schneidet man sie über dem zweiten Auge zurück, um die Produktion neuer Triebe zu fördern.

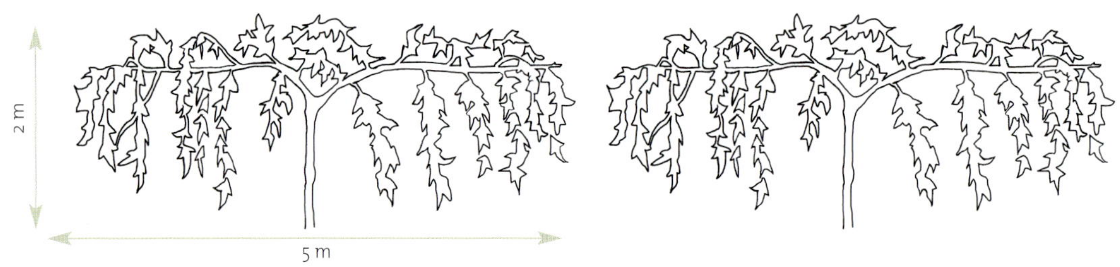

Blaue Weintraube

Vitis vinifera

Weinrebengewächse Vitaceae

Platzbedarf und Schnitt
2 m x 2 m, weniger oder mehr als Spalierpflanze.

Resistenz
Robust.

Reifezeit
Herbst.

Ansprüche
Humusreicher, gut drainierter Boden; sonniger Standort.

Bestäubung
Selbstbefruchter.

Parasiten und Krankheiten
Traubenwickler, Reblaus, Schildlaus, Dickmaul-Rüsselkäfer, Wespen, Weinreben-Mehltau, Grauschimmelfäulnis.

Empfehlenswerte Sorten
Tafelsorten: ›Alicante‹, ›Appley Towers‹, ›Black Frontignan‹, ›Black Monukka‹, ›Gamay Hâtif‹, ›Gros Colmar‹, ›King's Ruby‹, ›Lady Hastings‹, ›Musical Hamburg‹, ›Reine Olga‹; *Keltertrauben:* ›Dunkelfelder‹, ›Meunier‹, ›Pinot Noir‹, ›Schiava Grossa‹; *Keltertraube/Tafelsorte:* ›Dornfelder‹.

Die Weintrauben sind auf Rispenständen (nicht Trauben) wachsende, runde bis ovale, schwarzblaue, blaue bis rötliche Beeren mit saftigem, süßem bis säuerlichem Fruchtfleisch. Wie für die weiße Weintraube gibt es auch hier Sorten, die sich besser für die Kelterei (Wein), für den Frischverzehr (Tafeltrauben) oder zum Trocknen (Rosinen) eignen.

Die Pflanze

Die sommergrüne, kräftige Wilde Weinrebe ist eine holzige Kletterpflanze beziehungsweise Liane aus Südeuropa. Sie ist eine der ältesten Kulturpflanzen. Die Blütenstände blühen im Spätfrühling und sind meist zwittrig. Die grob drei- bis siebenlappigen, bis zu 23 Zentimeter großen Laubblätter können sich im Herbst dekorativ verfärben. Spätreifende Sorten gedeihen nur in Regionen mit langen Wärmeperioden. In kälteren Lagen zieht man sie geschützt als Mauerspalier.

Schnitt und Erziehung

Die Guyot- beziehungsweise Streckbogenerziehung benötigt einen Drahtrahmen zur Führung und Stützung und ist eine der am häufigsten praktizierten Erziehungsformen im Weinbau. Zwischen einem soliden Pfostenrahmen befestigen Sie horizontale Spanndrähte im Abstand von 50, 80, 110 bis 120 Zentimeter über dem Boden. Nach der Pflanzung stutzen Sie den Rebstamm auf 15 Zentimeter über dem Boden zurück, befestigen ihn am Stützgerüst und entfernen den Neuaustrieb. Im folgenden Jahr bilden sich Seitentriebe. Lassen Sie davon zwei Ruten stehen, und befestigen Sie diese am Gerüst. Die folgenden Schnittarbeiten finden im Winter statt. Die dem Stamm zweitnächste Fruchtrute lässt man stehen, schneidet sie auf sechs bis 15 Augen zurück, biegt sie und befestigt sie am untersten Draht (in 50 Zentimeter Höhe). Die im Frühjahr davon ausgehenden Triebe werden an den höheren Drähten befestigt. Die dem Stamm nächstgelegene Fruchtrute dient als Reservetrieb und wird auf zwei Augen zurückgeschnitten. Dieser Reservetrieb trägt erst im folgenden Jahr Trauben. Der abgeerntete Fruchttrieb wird entfernt, wenn sich neue Austauschtriebe entwickeln. Andere Spalierformen siehe Seite 144.

Weiße Weintraube

Vitis vinifera Weinrebengewächse Vitaceae

Platzbedarf und Schnitt
2 m x 2 m, weniger oder mehr bei anderen Erziehungsverfahren.

Resistenz
Robust.

Reifezeit
Herbst.

Ansprüche
Humusreicher Boden, gut drainiert; sonniger Standort.

Bestäubung
Selbstbefruchter.

Parasiten und Krankheiten
Traubenwickler,
Reblaus,
Schildlaus,
Dickmaul-Rüsselkäfer,
Wespen,
Weinreben-Mehltau,
Grauschimmelfäulnis.

Empfehlenswerte Sorten
Tafelsorten:
›Foster's Seedling‹,
›Muscat of Alexandria‹,
›Sultana‹;
Keltertrauben:
›Chardonnay‹,
›Gewürztraminer‹,
›Riesling‹,
›Sauvignon Blanc‹;
Keltertrauben/Tafelsorten:
›Madeleine Angevine‹,
›Müller-Thurgau‹,
›Ortega‹.

Zunächst ist es die Farbe (weißlich gelb, gelb, goldgelb, gelbgrün, graugrün, rötlich oder rosa gesprenkelt) der Schale, die den augenfälligen Unterschied zur Blauen Traube ausmacht. Die hellen Traubensorten unterscheiden sich von den blauen Sorten auch oft erheblich im Geschmack.

Die Pflanze

Für Lagen, die sich nicht für den kommerziellen Weinanbau eignen, gab es bis vor Kurzem nur wenige, zumeist auf Weiße (Grüne) Weinreben beschränkte Sorten, die neben einem schönen Laub auch akzeptable Traubenqualität boten. Zwischenzeitlich hat sich das Angebot auch für rauere Lagen deutlich erweitert. Geschmack und Aroma (Charakter) der Traube sind wie bei den Blauen Weintrauben nicht nur von der Sorte, sondern auch von der Lage (Boden, Geologie, Sonne, Niederschläge etc.) abhängig.

Schnitt und Erziehung

Seit Jahrtausenden hat der Mensch verschiedene Stützsysteme, Rebschnittmethoden, Weinberggestaltungen und Rebsorten entwickelt, um Ertrag und Geschmacksqualität zu steigern, die Arbeit zu erleichtern, Erkrankungen zu minimieren usw. Die verschiedenen Verfahren werden an die Lage (Klima, Boden, Besonnung) angepasst, aber auch von regionalen Traditionen bestimmt. Die wichtigsten Erziehungsformen sind der Streckbogen (Guyot siehe Seite 142), die Hochkultur (1,20 bis 1,40 Meter hohe Rebstöcke für bequemes Arbeiten und Frostsicherheit), die Lyra (Rebführung an V-förmig gesetzten Pfählen zur besseren Ausnutzung der Sonnenstrahlen), der Kordon (sehr verbreitet, es werden zwei Schenkel beziehungsweise Kordone belassen und befestigt), der Pendelbogen (herzförmige oder kreisförmige Rutenerziehung mit zahlreichen Abwandlungen wie zum Beispiel Ganz-, Doppel-, Halb- und Rundbogen) sowie die Pergola beziehungsweise Tendone (Reben entwickeln sich auf einem pergolaähnlichen Balken- und Drahtsystem). Für die Erziehung am Haus oder an einer Gartenmauer spielen auch ästhetische Erwägungen eine Rolle. Alle Erziehungsformen lassen sich auch auf die Blauen Weinreben anwenden. Die Abbildung unten zeigt eine horizontale Palmette.

Exotisches Obst

Ananas
Karambole (Sternfrucht)
Papaya
Kokosnuss
Kaffeepflanze
Kaki
Echte Feige
Mango
Bananenstaude
Rambutan
Olive
Avocado
Dattel
Granatapfel
Kakaopflanze

Ananas

Ananas comosus

Bromeliengewächse Bromeliaceae

Platzbedarf und Schnitt
0,75 m bis 1,50 m x 0,90 m bis 1,20 m.

Resistenz
Frostempfindlich, Minimum 15 °C.

Reifezeit
Sommer und Winter.

Ansprüche
Saurer, humusreicher, sandiger, gut drainierter Boden; sonniger Standort. Unter Glas: Rhododendronsubstrat (Erikasubstrat) unter Hinzufügung von grobem Quarzsand; vor direkter Sonneneinstrahlung schützen.

Bestäubung
Selbstbefruchter.

Parasiten und Krankheiten
Nematoden, Schmierläuse, Milben *(Steneotarsonemus ananas)*, Schildlaus *(Diaspis brometiae)*, Eulenfalter. Unter Glas: Schildlaus, Gemeine Spinnmilbe, Milben, Thrips.

Empfehlenswerte Sorten
›Abacaxi‹ (syn. ›English‹), ›Cabezona‹, ›Criolla‹, ›Giant Kew‹, ›Mauritius,‹ ›Queen‹ (syn. ›Common Rough‹), ›Red Spanish‹, ›Singapore Red‹, ›Smooth Cayenne‹ (syn. ›Cayenne‹), ›St Michael‹.

Die Ananas ist eine große Frucht, die 30 Zentimeter Länge erreichen kann. Die derbe Rinde setzt sich aus sechseckigen morphologischen Einheiten zusammen. Das Fruchtfleisch ist süß, saftig und enthält manchmal kleine harte Samen. Die Frucht ist dunkelgrün, gelb, im reifen Zustand orangefarben bis rötlich; sie wird von einer Rosette starrer Blätter gekrönt. Die Ananas wird häufig roh gegesssen oder zu Saft und Konserven weiterverarbeitet.

Die Pflanze

Diese aus Brasilien und Paraguay stammende, immergrüne, krautige Pflanze bildet eine das Regenwasser sammelnde Blattrosette. Die lanzettlichen, mit einer Wachsschicht überzogenen Einzelblätter haben einen Blattrand aus stachelartigen, scharfen Zähnen. Am oberen Ende befinden sich laubblattartige Hochblätter, die den charakteristischen Schopf bilden, der dieser Pflanze zu ihrem lateinischen Artnahmen (comosus = schopfig) verhalf. Der verlängerte, ungefähr 30 Zentimeter lange Schaft bringt einen aus etwa 100 einzelnen Blüten bestehenden, zapfenartigen Blütenstand hervor, der sich aus kleinen, violett-purpurnen oder rötlichen Blüten zusammensetzt, von denen jede von einem roten, gelblichen oder grünen Hochblatt (Braktee) begleitet wird. In der Natur übernehmen Kolibris die Bestäubung der Blüten. Jede Blüte reift zu einer Einzelfrucht heran. Einige Ziersorten der Ananas sind schöne dekorative Pflanzen. Die Sorten werden in vier oder fünf Gruppen untergliedert, darunter ›Cayenne‹ (die wichtigste Handelssorte), ›Spanish‹, ›Queen‹ und ›Pernambuco‹. Die Ananas reift am besten in tropischem oder nahezu tropischem Klima, ausgenommen im Bergland. Sie toleriert Trockenheit und kann auch während der Regenzeit Früchte tragen. Die Ananas fruchtet nur alle zwei Jahre. In Mitteleuropa wird sie erfolgreich nur unter Glas kultiviert.

Schnitt und Erziehung

Eine Schnittbehandlung ist nicht erforderlich. Allerdings sind durch Pilze erkrankte Laubblätter umgehend zu entfernen.

Karambole (Sternfrucht)

Averrhoa carambola Sauerkleegewächse Oxalidaceae

Platzbedarf und Schnitt
9 m x 5 m.

Resistenz
Frostempfindlich; Minimum 5 °C.

Reifezeit
Eher zufällig.

Ansprüche
Gut drainierte Einheitserde mit höherem Torf- und Quarzsandanteil; basische Substrate werden schlecht vertragen; sonniger Standort. Mit kalkfreiem Wasser gießen.

Bestäubung
Kreuzbestäubung nötig.

Parasiten und Krankheiten
Blattfleckenkrankheit, Pilzerkrankungen.
Unter Glas:
Schildlaus,
Trauermücken,
Fruchtfliegen,
Gemeine Spinnmilbe.

Empfehlenswerte Sorten
›Arkin‹,
›Dah Pon‹,
›Golden Star‹,
›Mih Tao‹,
›Newcomb‹,
›Tean Ma‹,
›Thayer‹.

Die Sternfrucht oder Karambole ist eine unverwechselbare Frucht mit fünf ausgeprägt kantigen Längsrippen. Ihre grünlich gelbe bis orangerote, wachsartige glatte Schale ist wie das Fruchtfleisch essbar. Der Querschnitt der Frucht (botanisch eine Beerenfrucht) ist sternartig. Das saftig knackige Fruchtfleisch hat eine veränderliche Geschmacksnote von erfrischend säuerlich bis zu aromatisch süß. Früchte, die im Supermarkt angeboten werden, haben nicht den milden Geschmack jener im Ursprungsland. Die Früchte der Karambole werden meist roh gegessen.

Die Pflanze

Die Karambole ist ein aus Malaysia stammender, langsamwüchsiger, ungefähr zehn bis zwölf Meter hoher Strauch oder Baum. Er ist unter frischeren Klimabedingungen halbimmergrün oder wirft sein Laub vollständig ab. Die kleinen fliederfarbenen, purpur gestreiften, circa sechs Millimeter großen Blüten stehen auf kleinen, rot gestielten Blütenständen und erscheinen in jeder Saison; die gefiedert angeordneten, frischgrünen Laubblätter sind auf der Unterseite flaumig. Die Karambole gedeiht unter tropischen und subtropischen Bedingungen in all jenen Regionen mit regelmäßigen Niederschlägen über das ganze Jahr. Zu heiße und windanfällige Standorte bekommen ihr nicht.

Schnitt und Erziehung

Der sehr maßvoll wachsende Baum bildet von Natur aus eine lockere, ausgewogene Verzweigung aus und wird deshalb möglichst wenig beschnitten. Werden einzelne Triebe dennoch zu lang, sind sie vor dem Neuaustrieb im März bis April einzukürzen. Als Kübelpflanze wird die Karambole kaum höher als eineinhalb bis drei Meter. Der Kübel sollte wegen des gering verzweigten Wurzelwerks nicht zu groß sein.

Papaya

Carica papaya

Melonenbaumgewächse Caricaceae

Platzbedarf und Schnitt
Bis 10 m x 3 m.

Resistenz
Frostempfindlich, Minimum 16 °C.

Reifezeit
Variabel; während des ganzen Jahres.

Ansprüche
Saurer, humoser, sehr gut drainierter Boden; sonniger Standort. Unter Glas: Erikasubstrat.

Bestäubung
Selbstbefruchter (verschiedene Sorten); es existieren ein- und zweihäusige Sorten, Sorten mit zweigeschlechtlichen Blüten sowie männliche Sorten, die ihr Geschlecht wechseln.

Parasiten und Krankheiten
Stängelgrundfäule.
Unter Glas:
Gewächshaus-Weiße Fliege,
Gemeine Spinnmilbe,
Schildlaus,
Schmierläuse,
Thrips.

Empfehlenswerte Sorten
›Cariflora‹,
›Guinea Gold‹,
›Higgins‹,
›Hybrid N° 5‹,
›Sunnybank‹,
›Waimanalo‹,
›Wilder‹,
›Zapote‹.

Die Papayafrucht wird von einer ledrigen, nicht essbaren Schale umhüllt, die von Grüngelb während der Reife in Orangegelb bis Orange übergeht. Das aromatische, verlockend aprikot- bis rosafarbene Fruchtfleisch enthält reichlich schwarze, weichhäutige Samen. Man bereitet sie zu, indem man die Frucht in zwei Hälften teilt, die Samen entfernt und die Hälften auslöffelt. Allerdings kann man sie auch schälen und in Stücke schneiden. Ein Schuss Zitronen- bzw. Limonensaft verbessert den Geschmack. Einige Sorten eigenen sich besonders für die Aufbereitung als Konserve.

Die Pflanze

Der Papayabaum (auch Melonenbaum genannt) stammt aus dem Tiefland und den Küstenregionen des tropischen Südamerikas, wird jedoch mittlerweile weltweit in den Tropen kultiviert. Die elfenbeinweißen bis zu zweieinhalb Zentimeter großen Blüten entwickeln sich in den Blattachseln am Stamm und öffnen sich während des ganzen Jahres. Die gestielten, tiefgelappten Laublätter werden das ganze Jahr über entwickelt und erreichen bis zu 70 Zentimeter Durchmesser. Aus botanischer Sicht ist der Papayabaum kein Baum, sondern ein halb verholzendes, riesiges Kraut, das in niederschlagsreichen, frostfreien Regionen gedeiht. Die Pflanze produziert schon sechs Monate nach der Aussaat Früchte, hat jedoch eine kurze Lebensdauer.

Schnitt und Erziehung

Der Papayabaum entwickelt von Natur aus einen geraden Stamm; ein Formschnitt ist daher nicht notwendig. Nach der Befruchtung kann man das Ende des Triebes abschneiden, um die Verzweigung zu fördern. Der Baum kann einen Verjüngungsschnitt vertragen, aber männliche Sorten erzeugen in diesem Fall zuweilen weibliche Blüten.

Kokosnuss

Cocos nucifera Palmengewächse Arecaceae

Platzbedarf und Schnitt
Im Freistand 30 bis 40 Meter hoch und zwölf Meter breit. Einige Sorten sind kompaktwüchsig und besonders für Glashäuser geeignet.

Resistenz
Frostempfindlich; Minimum 18 °C.

Reifezeit
Während des ganzen Jahres.

Ansprüche
Humusreicher Boden, sonnig bis gedämpftes Licht. Unter Glas: Einheitserde unter Zugabe von Grobsand.

Bestäubung
Selbstbefruchter.

Parasiten und Krankheiten
Nematoden, Phytophtora und Stängelgrundfäule.
Unter Glas: Schildlaus, Gemeine Spinnmilbe.

Empfehlenswerte Sorten
Im Handel erhältliche Zwergsorten:
›Dwarf Golden Malay‹,
›Dwarf Green‹,
›Dwarf Samoan‹,
›Niño‹.

Die Frucht der Kokospalme ist oval, und ihre dicke Faserhülle ist grün, orange oder gelb. Letztere enthält eine braune, sehr harte Schale, die als Kokosnuss bezeichnet wird. Sie enthält das Kernfleisch und das Kokoswasser. Das Fruchtfleisch der unreifen Frucht ist von öliger Beschaffenheit. Im frischen Zustand schmeckt es besonders köstlich. Allerdings wird es hauptsächlich in Kokosmilch umgewandelt, getrocknet (dehydriert) oder geraspelt. Das Öl dient zur Herstellung von Seifen und Shampoos.

Die Pflanze

Die Kokospalme ist ein Palmenbaum, der vermutlich aus dem Westpazifik oder von den Inseln des Indischen Ozeans stammt. Sie ist eine typische Küstenpflanze, deren Schwimmfrüchte über weite Meeresstrecken treiben können. Inzwischen wird die Kokospflanze weltweit in den Tropen und Subtropen kultiviert. Die verzweigten, circa einen Meter langen Blütenstände tragen unzählige, kleine, cremegelbliche männliche Blüten. Am Ende des Blütenstandes befinden sich köstlich duftende weibliche Blüten. Die Blätter erreichen zwei bis sechs Meter Länge. Der Baum kann gleichzeitig zwölf Fruchtstände tragen, die sich alle in einem unterschiedlichen Entwicklungsstadium – von der Blüte bis zur reifen Frucht – befinden können. Die Kokospalme gedeiht unter recht verschiedenen Klimabedingungen von extrem trockenen, wüstenhaften Zonen bis zum feuchten Regenwald. In Gebieten mit mediterranem Klimacharakter vermag sie im Freiland zu gedeihen.

Schnitt und Erziehung

Eine Schnittbehandlung ist nur zur Entfernung absterbender Laubblätter erforderlich.

Kaffeepflanze

Coffea arabica

Rötegewächse Rubiaceae

Platzbedarf und Schnitt
7 m x 4 m.

Resistenz
Frostempfindlich; Minimum 5 °C.

Reifezeit
Mehrere Ernten pro Jahr.

Ansprüche
Humusreicher, leicht saurer Boden, sehr gut drainiert; sonniger (aber nicht pralle Mittagssonne) bis halbschattiger Standort. Unter Glas: Erikaerde beziehungsweise Rhododendronerde mit Perlit oder KokoHum aufgelockert. Nicht in Heizungsnähe stellen.

Bestäubung
Selbstbefruchter.

Parasiten und Krankheiten
Nematoden, Fusariose, Grauschimmelfäulnis, Wurzelschwamm, Bakterienbrand. Unter Glas: Gemeine Spinnmilbe, Gewächshaus-Weiße Fliege, Schildlaus.

Empfehlenswerte Sorten
›Bourbon‹,
›Caracolla‹,
›Caturra‹,
›Harrar‹,
›Kona‹,
›Mundo Novo‹,
›Pea Berries‹,
›Typical‹.

Die Frucht der Kaffeepflanze – die sogenannte Kaffeekirsche – ist steinfruchtartig, eiförmig und ungefähr eineinhalb Zentimeter lang. Die Farbe der unreifen Frucht ist grün, geht in Gelb über und verfärbt sich im reifen Zustand in Karmesinrot. Jede Frucht enthält zwei, selten drei, Samen: die Kaffeebohnen, die 1,25 Zentimeter lang werden können und den Rohstoff für das Getränk Kaffee bilden. Die ersten Cafés entstanden Mitte des 16. Jahrhunderts in Persien und Konstantinopel. Die Kaffeebohnen werden auf unterschiedliche Art (mit und ohne Fruchtfleisch) getrocknet, fermentiert, geröstet, dann gemahlen, um das Kaffeegetränk zubereiten zu können. Das darin enthaltene Koffein ist ein anregender und belebender Wirkstoff, der aber bei übermäßigem Konsum giftig sein kann.

Die Pflanze

Die Kaffeepflanze ist ein Strauch oder ein kleiner, immergrüner langlebiger Baum aus dem abessinischen Hochland Äthiopiens in der Region Kaffa. Die glänzend dunkelgrünen Laubblätter werden etwa zehn bis 15 Zentimeter lang. Die röhrenförmigen, weißen und duftenden Blüten von einem Zentimeter Länge blühen zu verschiedenen Jahreszeiten. Von den etwa 60 *Coffea*-Arten wird nur *Coffea arabica* kommerziell im Plantagenanbau kultiviert und erreicht die besten Ernten in den gemäßigteren Hochlagen und Bergwaldregionen der Tropen, die mit sehr ausgeglichenen klimatischen Verhältnissen ausgestattet sind.

Schnitt und Erziehung

Maßnahmen dieser Art sind nicht notwendig. Um die manuelle Ernte zu erleichtern, stutzt man die Kaffeepflanze auf drei Meter zurück. Die manuelle Ernte ist zwingend notwendig, da die Früchte nicht alle gleichzeitig reifen.

Kaki

Diospyros kaki Ebenholzgewächse Ebenaceae

Platzbedarf und Schnitt
10 m x 7 m, weniger in Pflanzreihen.

Resistenz
Robust. Hält bis –15 °C aus.

Reifezeit
Herbst bis Winteranfang.

Ansprüche
Humusreicher Boden, gut drainiert; sonniger Standort.

Bestäubung
Diözisch, selbst wenn die Pflanzen manchmal Blüten des Gegengeschlechtes produzieren; einige weibliche Sorten sind Selbstbefruchter, tragen jedoch besser in der Nachbarschaft eines männlichen Baumes.

Parasiten und Krankheiten
Thrips, Schildlaus, Schmierläuse, Wurzelkropf, Anthraknose.
Unter Glas: Gemeine Spinnmilbe, Schildlaus, Schmierläuse.

Empfehlenswerte Sorten
›Fuyu‹,
›Galley‹ (männlich, Bestäubersorte),
›Gulombo‹, ›Hachiya‹,
›Jiro‹, ›Tipo‹,
›Triumph‹.

Die reife Kakifrucht mit glänzender Schale ähnelt einer kugeligen bis ovalen, gelborangen bis orangen Tomate und kann bis siebeneinhalb Zentimeter Durchmesser erreichen. Das voll ausgereifte Fruchtfleisch hat einen an Aprikose und Birne erinnernden, vollmundigen Geschmack. Auf unseren Märkten erhält man leider fast nur unreife Früchte mit festem Fruchtfleisch. Lässt man diese Früchte zuhause nicht voll ausreifen, erfährt man im wahrsten Sinne des Wortes eine herbe Enttäuschung.

Die Pflanze

Ursprünglich stammt der sommergrüne, langsamwüchsige Kakibaum mit rundlicher, apfelbaumähnlicher Krone aus dem Fernen Osten und ist dort einer der ältesten Kulturbäume. Die ovalen Blätter haben eine Länge von siebeneinhalb bis 25 Zentimetern. Die glockenförmigen, blassgelben Blüten erscheinen im Frühsommer. In Gebieten mit Frösten verfärbt sich das dekorative Laub des Kakibaums von Rot über Orange bis Gelb. Die Früchte sollten am Baum ausreifen, um ihr volles Aroma zur Geltung zu bringen. Der Baum lässt sich im Kübel, im Glashaus, aber wegen seiner Frostresistenz in milderen Gebieten auch im Freiland ziehen.

Schnitt und Erziehung

Ab einer Höhe von einem Meter beginnt man mit dem Erziehungsschnitt von drei bis sechs Leitästen, indem man die überzähligen, schlecht platzierten Triebe entfernt. Ziel ist ein offenes, gut durchlüftetes und ausgewogenes Kronengerüst. Unter den gemäßigten klimatischen Verhältnissen Mitteleuropas empfiehlt sich die Erziehung als Spaliergehölz an einer warmen Mauer, vor allem um die Fruchtbildung anzuregen. Eine freie Palmette hat sich auch im Erwerbsobstbau sehr bewährt.

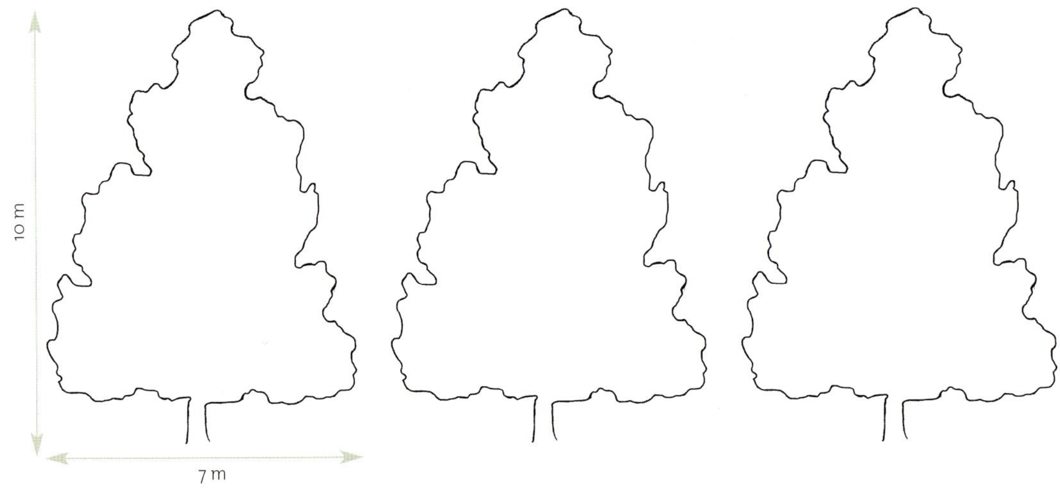

Echte Feige

Ficus carica ssp. *carica*

Maulbeergewächse Moraceae

Platzbedarf und Schnitt
3 m x 4 m, weniger im Kübel.

Resistenz
Sehr robust. Im kühleren Klima müssen Feigen an einer warmen Mauer kultiviert werden, um die Fruchtreife zu ermöglichen.

Reifezeit
Unter gemäßigten Klimabedingungen vom Sommerende bis zum Herbst.

Ansprüche
Nährstoffreicher, gut drainierter Boden; sonniger Standort. Kübelpflanzung: Einheitserde mit Grobsandbeimischung.

Bestäubung
Selbstbefruchter.

Parasiten und Krankheiten
Nematoden.

Empfehlenswerte Sorten
›Adriatic‹ (syn. ›White Adriatic‹, ›Grosse Verte‹), ›Black Ischia‹ (syn. ›Blue Ischia‹), ›Brown Turkey‹, ›Brunswick‹ (syn. ›Magnolia‹, ›Celeste‹), ›Genoa‹ (syn. ›White Genoa‹), ›Marseilles‹ (syn. ›White Marseilles‹, ›Lemon‹), ›Poona‹, ›Purple Genca‹ (syn. ›Black Genoa‹, ›Black Spanish‹).

Die Blüten- und Bestäubungsökologie des Feigenbaumes ist kompliziert, da es für eine erfolgreiche Bestäubung neben der winzigen Feigengallwespe auch auf das Zusammenspiel von zwei verschiedenen Feigenformen (der Bocksfeige und der Essfeige) ankommt. Inzwischen existieren Feigenzüchtungen, die von der auf milde Regionen beschränkten Bestäubungsprozedur unabhängig sind und sich deswegen besonders für den Anbau in Mitteleuropa empfehlen. Sie bilden nur Scheinfrüchte aus. Die Farbe der »Früchte« reicht von Gelblichgrün über Kupfer, Bronze bis zu einem tiefen Purpurviolett. Die Feige wird frisch oder getrocknet gegessen.

Die Pflanze

Die ursprüngliche Heimat der Feige ist nicht näher bekannt. Sie ist jedoch als eine der ältesten Kulturpflanzen im gesamten Mittelmeer- und zentralasiatischen Raum zu finden. Im Westjordanland wurden offensichtlich schon vor 11 400 Jahren Feigen angebaut. Die Feige ist ein Strauch oder ein kleiner, sommergrüner Baum mit bis zu 24 Zentimeter großen, stark gelappten, unterschiedlich gestalteten Laubblättern. Frühlingsregen und warme bis heiße Sommerperioden sind für eine optimale Entwicklung förderlich.

Schnitt und Erziehung

Die Hauptaktivitäten finden während der Ruheperiode zwischen Winterende und Frühjahrsbeginn statt. In gemäßigten Regionen zieht man die Feige als Fächerspalier an einer warmen Mauer. Vorwüchsige Triebe kürzt man ein und entfernt die ältesten Zweige, während gut platzierte Austauschtriebe am Gerüst befestigt werden. Die kleinen Fruchtansätze, die sich am Ende der Saison entwickeln, sind Vorboten der Ernte im Folgejahr. Fruchtansätze, die im Sommer erscheinen, müssen entfernt werden, da sie nicht mehr vollständig ausreifen können, es sei denn, der Feigenbaum befindet sich in einem ungeheizten Wintergarten. Im Sommer sollte man den Neuaustrieb dort entfernen, wo er Schatten auf die Früchte wirft.

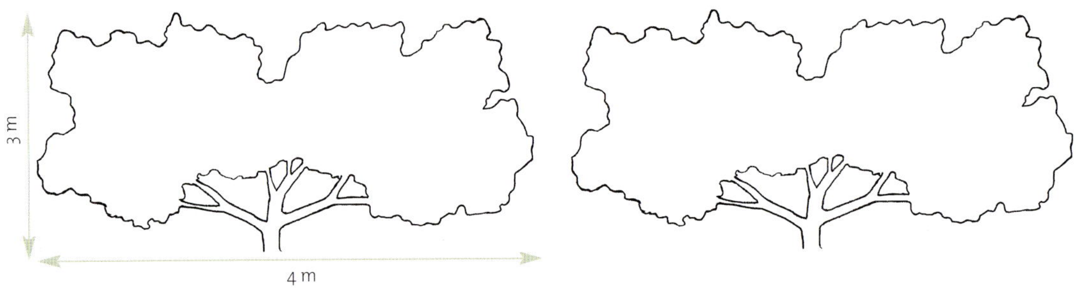

Mango

Mangifera indica

Sumachgewächse Anacardiaceae

Platzbedarf und Schnitt

30 m x 15 m.

Resistenz

Frostempfindlich; Minimum 5 °C.

Reifezeit

Unterschiedlich, abhängig von der klimatischen Ausgangssituation.

Ansprüche

Keimlinge nicht düngen; später sehr sparsam düngen; leicht saures, gut drainiertes Torf- oder Kokossubstrat; sonniger Standort.

Bestäubung

Selbstbefruchter.

Parasiten und Krankheiten

Taufliegen, Schildlaus, Anthraknose, Mehltau, Thrips, Blattläuse, Schildlaus, Gewächshaus-Weiße Fliege, Gemeine Spinnmilbe, Mehltau.

Empfehlenswerte Sorten

›Irwin‹,
›Jubilee‹,
›Keitt‹,
›Kent‹,
›Palmer‹,
›Sensation‹,
›Tommy Atkins‹,
›Van Dyke‹.

Die ovale, circa sechseinhalb bis 25 Zentimeter lange Mangofrucht besitzt einen großen, abgeflachten Steinkern. Die ungenießbare Schale ist glatt, ledrig und oft verlockend grün-gelb-orange und rot gezeichnet. Sie umhüllt ein orangefarbenes, leicht faseriges, sehr aromatisches und wohlschmeckendes Fruchtfleisch, das man am besten frisch auslöffelt.

Die Pflanze

Der Mangobaum ist ein immergrüner Baum mit rundlicher Krone und langer Lebensdauer, der eine Höhe von bis zu 45 Meter erreichen kann. Er stammt aus den Assamgebieten und Burma, wird jedoch mittlerweile fast überall in den tropischen Gebieten Asiens und anderen tropischen Weltregionen angebaut. Die anfangs lachsfarbenen, glänzenden, dunkelgrünen, schlanken Laubblätter erreichen 32 Zentimeter Länge. Hunderte von kleinen weißen bis rosafarbenen Blüten sind in stattlichen, verzweigten und aufrechten Rispen versammelt, die bis zu 40 Zentimeter hoch werden können. Sie blühen vom Ende der Wintersaison bis zum Frühlingsbeginn. Die Mehrzahl der Mangobäume trägt in ihrer Heimat einmal alle zwei Jahre. Diese Bäume gedeihen in tropischen Regionen mit feuchten, sommerlichen Monsunperioden, gefolgt von einer langen Trockenzeit.

Schnitt und Erziehung

Die jungen Bäume reduziert man auf ein Gerüst von drei bis fünf Leitästen, wobei schwache Äste entfernt werden. Es wird empfohlen, die Fruchtansätze in den ersten zwei Jahren zu eliminieren. Fertig ausgebildete Baumkronen verlangen eine Mindestgröße, die man unter Glas im Frühling und im Sommer durch entsprechenden Schnitt reguliert. Man kann den Mangobaum leicht aus dem Samen ziehen.

Bananenstaude

Musa acuminata | Bananengewächse Musaceae

Platzbedarf und Schnitt
3 m x 3 m. Einige Sorten verlangen weniger, andere mehr Platz.

Resistenz
Frostempfindlich; Minimum 15 °C. Ziersorten teilweise kälteunempfindlich.

Reifezeit
Die ganze Saison.

Ansprüche
Tiefgründiger, nährstoff- und humusreicher, gut drainierter, leicht saurer Boden; sonniger und windgeschützter Standort.

Bestäubung
Einhäusig; Stauden im Einzelstand sind Selbstbefruchter.

Parasiten und Krankheiten
Thrips, Nematoden, Gelbe Sigatoga-Krankheit (noch auf die Tropen beschränkt), Gemeine Spinnmilbe, Blattläuse, Schildlaus, Schmierläuse.

Empfehlenswerte Sorten
›Bluggoe‹ (Kochbanane), ›Dwarf Cavendish‹, ›Giant Cavendish‹, ›Mysore‹, ›Robusta‹, *Musa basjoo*, *Ensete glaucum* syn. *Musa glauca*.

Bananen sind Früchte mit weißem, stärkereichem Fruchtfleisch und süß-mehligem Geschmack. Sie werden von einer grünen, in reifem Zustand gelben, ungenießbaren Schale umhüllt. Wird die Frucht überreif, erscheinen schwarze Flecken auf der Schale. Die einzelne Frucht heißt Finger. Dementsprechend wird der einzelne, aus zehn bis 20 Bananen bestehende Teilfruchtstand als »Hand« bezeichnet. Die gesamte Traube besteht aus zehn bis 14 Händen und wiegt ungefähr 40 Kilogramm.

Die Pflanze

Die Bananenstaude ist eine aus Südostasien und Nordostaustralien stammende Pflanze, die seit mehr als 3000 Jahren gezüchtet wird. Obwohl die oft mehrere Meter hohe, riesenhaft beblätterte Gestalt der Pflanze dazu verleiten mag, sie für einen Baum zu halten, ist sie dennoch nur eine Sonderform der Staude. Die Blüten sitzen doppelreihig auf traubenartigen Blütenständen, die stattliche eineinhalb Meter Länge erreichen. Nach der Blüte und Fruchtreife stirbt die oberirdische Pflanze ab. Es gibt einige Sorten und Bananenarten, die sich hierzulande gut geschützt auch im Freiland halten können.

Schnitt und Erziehung

Eine Staude im Topf wird nicht beschnitten. In unseren gemäßigt-milden Weinbaugebieten und anderen Regionen, wo die Bananenstaude als Zierpflanze kultiviert werden kann, schneidet man die Blätter bis über dem Stamm zurück und umhüllt sie mit Stroh oder perforierter Folie. Empfindlichere Sorten müssen in den Unterstand. Erscheinen Wurzelschösslinge am Fuß der Pflanze, dürfen diese im Frühling entnommen und in Kultur gestellt werden.

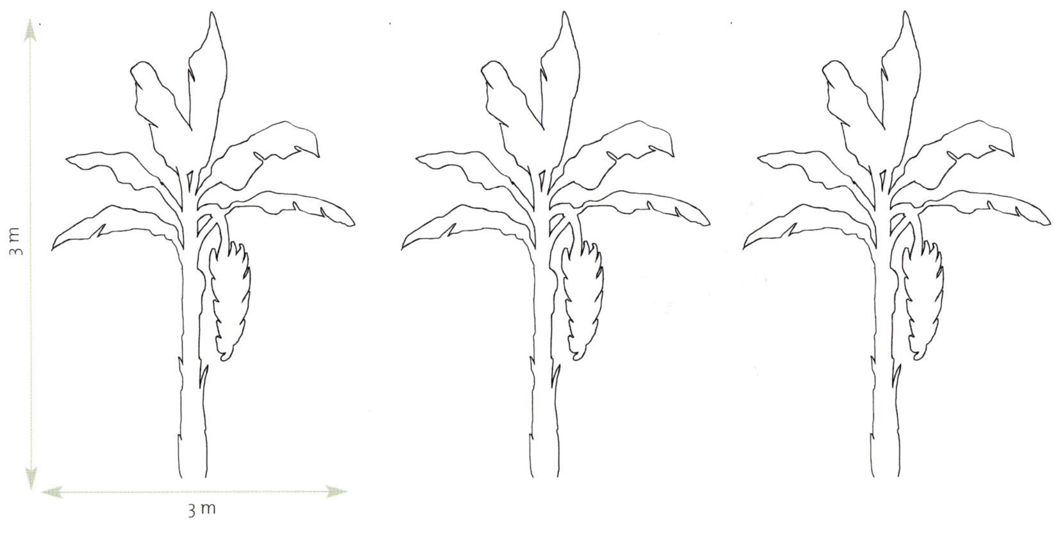

Rambutan

Nephelium lappaceum

Seifenbaumgewächse Sapindaceae

Platzbedarf und Schnitt
3 x 3 m bis 5 x 5 m unter Glas.

Resistenz
Frostempfindlich; Minimum 10 °C. Die Pflanze toleriert auch niedrigere Temperaturen.

Reifezeit
Sommer und Winter (zwei Ernten) oder Hochsommer bis Herbst (eine Ernte).

Ansprüche
Tiefgründiger, nährstoff- und humusreicher Boden, der besonders gut drainiert sein muss und mit viel Kompost oder Stallmist angereichert sein sollte; auf einen sehr hellen Platz im Glashaus achten, sehr gut vor Zug und Winden schützen.

Bestäubung
Männlich oder zwittrig und nicht selbstbestäubend.

Parasiten und Krankheiten
Schildlaus, Schmierläuse, Mehltau, Wurzelschwamm, Gemeine Spinnmilbe, Gewächshaus-Weiße Fliege.

Empfehlenswerte Sorten
›Marikit‹, ›Marilag‹, ›Seematjan‹.

Diese mit der Litschi verwandte Frucht ist viel weniger bekannt. Die vier bis fünf Zentimeter lange, eiförmige Rambutanfrucht kann rosarot, leuchtendrot oder dunkelrot, orangefarben, weinrot oder dunkelpurpurrot, gelbrot, reingelb oder gelblich orangefarben sein. Ihre nicht essbare, feine Schale ist von einem struppigen Pelz aus grünlichen und rötlichen, gewellten haarigen Gebilden umhüllt. Im milchigen, geleeartigen, süßaromatischen und saftigen Fruchtfleisch befindet sich der mehr oder weniger längliche und leicht abgeflachte Samen. Die Früchte werden meist frisch verzehrt, jedoch auch zu Konserven verarbeitet.

Die Pflanze

Der Rambutan ist ein immergrüner Baum, der bei uns kaum über drei bis fünf Meter Höhe erreicht, in seiner Heimat Südostasien allerdings bis zu zehn Meter hoch wird. Die gefiederten Blätter haben eine leicht ledrige Beschaffenheit, sind gelblich bis matt dunkelgrün gefärbt und haben eine Länge von sieben bis 30 Zentimetern. Die blütenblattlosen, süß duftenden Blüten messen ungefähr vier Millimeter im Durchmesser und können männlich oder zwittrig sein. Die zwittrigen Blüten funktionieren als Männchen oder Weibchen. Je nach Witterung öffnen sie sich zweimal pro Jahr oder jährlich im Frühling. Der Rambutan gedeiht im feucht-tropischen Klima, wo die Trockensaison drei Monate nicht überschreitet.

Schnitt und Erziehung

Schnittmaßnahmen konzentrieren sich auf die Lichtstellung der Krone, auf die Förderung des Fruchtholzes und auf die Begrenzung der Baumdimensionen. Der Baum lässt sich aus Samen ziehen.

Olive

Olea europaea

Ölbaumgewächse Oleaceae

Platzbedarf und Schnitt
10 m x 10 m.

Resistenz
Robust.

Reifezeit
Herbst bis Winter.

Ansprüche
Nährstoffarme bis mäßig nährstoffreiche, sehr gut drainierte Böden; sonniger Standort.
Im Kübel: Einheitserde mit Kiesbeimengung.

Bestäubung
Eine Kreuzbestäubung verbessert die Produktivität.

Parasiten und Krankheiten
Schildlaus,
Gemeine Spinnmilbe.

Empfehlenswerte Sorten
›Arbequina‹ (Öl),
›El Greco‹ (Tafelsorte),
›Empeltre‹ (Öl),
›Gordal‹ (syn. ›Sevillano‹, ›Queen‹, Tafelsorte),
›Kalamata‹ (Tafelsorte),
›Mission‹ (Öl), ›Pendolino‹ (Öl), ›Taggiasca‹ (Öl).

Die ungefähr zwei Zentimeter langen Steinfrüchte des Olivenbaums sind im pflückreifen Zustand grün, dunkeln erst während der Nachreife bei den violetten und schwarzen Sorten nach. Frisch vom Baum geerntet, ist die Olive wegen ihres bitteren Geschmacks kaum genießbar. Der weitaus überwiegende Anteil der Welternte wird gepresst und zu einem sehr wertvollen Speiseöl verarbeitet. Das an ungesättigten Fettsäuren reiche Olivenöl ist aus der Mittelmeerküche nicht wegzudenken.

Die Pflanze

Der Olivenbaum ist ein immergrüner Baum, der sein langsames Wachstum und die spät einsetzende Fruchtbarkeit mit sehr langer Lebensdauer (z. B. 2000 Jahre, Montenegro) belohnt. Er ist eine der ältesten Kulturpflanzen (seit dem 4. Jahrtausend v. Chr.). Der Olivenbaum gilt als Charakterart für den Mittelmeerraum wo er landschaftsprägend ist. Dennoch bleibt seine Herkunft umstritten. Zu Frühlingsbeginn öffnen sich die mattweißen bis grüngelblich getönten, im Durchmesser circa vier Millimeter großen Blüten auf rispigen Blütenständen recht versteckt unter dem grüngrauen, weidenblättrigen Laub, das eine silbriggraue Unterseite zeigt. Ein guter, qualitativ hochwertiger Olivenertrag ist auf Regionen mit mediterranem Klima beschränkt, wo die Sommer lang, heiß und trocken sind. Leichte Frostperioden im Winter sind aber für einen Höchstertrag durchaus notwendig. Die zahlreichen Sorten werden im Allgemeinen nach ihrer Verwendung klassifiziert: Öl- oder Tafelolive.

Schnitt und Erziehung

Man strebt beim Olivenbaum eine möglichst reiche Verzweigung an, indem man den Leittrieb zurückschneidet und damit die Seitenverzweigung stimuliert – und nebenbei auch die Ernte erleichtert. Das Fruchtholz der erwachsenen Bäume wird nach der Ernte leicht eingekürzt, um einen dichten Wuchs zu erhalten. Wie Apfelbäume zeigen auch Olivenbäume das Phänomen der Alternanz.

Avocado

Persea americana

Lorbeergewächse Lauraceae

Platzbedarf und Schnitt
9 m x 6 m.

Resistenz
Je nach Sorte unterschiedlich frostempfindlich.

Reifezeit
Sommer bis Winter.

Ansprüche
Gut drainierter Boden aus Blumenerde mit Kies- und Grobsandbeimengung; sonst anspruchslos; sonniger Standort.

Bestäubung
Selten selbstbefruchtend. Kreuzbestäubung steigert den Fruchtertrag erheblich.

Parasiten und Krankheiten
Flohkäfer,
Schildlaus,
Anthraknose,
Gemeine Spinnmilbe,
Gewächshaus-Weiße Fliege.

Empfehlenswerte Sorten
›Fuerte‹ (Hybride aus Guatemala x Mexiko),
›Gottfried‹ (Mexiko),
›Hass‹ (Hybride aus Guatemala x Mexiko),
›Lula‹ (Hybride aus Guatemala x Mexiko),
›Macarthur‹ (Guatemala),
›Russell‹ (Antillen).

Die birnenförmige Frucht (botanisch eine Beere) enthält einen walnussgroßen, hartschaligen Samenkern und lindgrünes bis cremefarbenes Fruchtfleisch. Die zahlreichen Sorten (rund 400) lassen sich in wenige Untergruppen aufteilen. Die guatemaltekische Avocado hat eine dünne Haut mit grobwarziger Schale. Die Antillen-Avocado hat eine ledrige Schale. Bei der mexikanischen Avocado ist sie feiner, glänzend, blassgrün, und die Blätter duften aromatisch. Das gesunde Öl wird in der kosmetischen Industrie sehr häufig verwendet.

Die Pflanze

Der Avocadobaum ist ein nahezu immergrüner Baum aus Mittelamerika. Die Blätter können 40 Zentimeter lang werden. Die duftenden, weißlich grünen, im Durchmesser gut einen Zentimeter großen Blüten befinden sich in größeren Blütenständen. Der Avocadobaum verlangt ein tropisches oder subtropisches Klima. Dickschalige Sorten verlangen eine hohe Luftfeuchtigkeit insbesondere während der Blüte und Fruchtentwicklung. Feinschalige Sorten gedeihen eher in trockeneren Regionen.

Schnitt und Erziehung

In den ersten Jahren nach Aussaat oder Pflanzung sind nur minimale Eingriffe erforderlich. Um einen strauchigen Wuchs zu begünstigen, muss man den Leittrieb rechtzeitig einkürzen. Bei fruchtenden Exemplaren ist es zuweilen nötig, die Zweige mit den schweren Früchten abzustützen. Krankes, abgestorbenes und beschädigtes Holz muss entfernt werden. Die Pflanze lässt sich leicht aus Samen ziehen. Wer jedoch auch Früchte ernten möchte, steigert seine Chancen, wenn er zwei gepfropfte Exemplare aus Spezialgärtnereien erwirbt. Die Früchte müssen vor der Vollreife gerntet werden. Danach lässt man sie nachreifen. Im Winter bringt man die Pflanze ins Glashaus oder an einen hellen Platz in der Wohnung.

Dattel

Phoenix dactylifera

Palmengewächse Arecaceae

Platzbedarf und Schnitt
Bis 30 m x 12 m.

Resistenz
Frostempfindlich; Überwinterung bei ca. 8 °C.

Reifezeit
Herbst bis Winter.

Ansprüche
Abhängig von der Verwendung verträgt die Pflanze ein breites Bodenspektrum und braucht einen sonnigen Standort. Im Kübel: Blumenerde mit Grobsand oder Kiesbeimengung.

Bestäubung
Für einen guten Fruchtansatz benötigt man männliche und weibliche Bäume.

Parasiten und Krankheiten
Schildlaus,
Fusariumpilzbefall,
Schildlaus,
Gemeine Spinnmilbe.

Empfehlenswerte Sorten
›Deglet Noor‹,
›Fardh‹, ›Medjool‹,
›Khadrawy‹ (syn. ›Khadrawee‹),
›Migraf‹ (syn. ›Mejraf‹),
›Saidy‹ (syn. ›Saidi‹,
›Zahidi‹), ›Sayer‹.

Die Dattel, das »Brot der Wüste«, ist eine fleischige, längliche Frucht (botanisch eine Beere), die im reifen Zustand dunkelbraun, rötlich bzw. gelblich braun gefärbt ist. Die Schale ist essbar. Das Fruchtfleisch ist abhängig von der Sorte süß bis sehr süß. Jede Frucht enthält einen spindelförmigen, schmalen Samen. Vor Kurzem ist es gelungen, einen 2000 Jahre alten Dattelkern zum Keimen zu bringen. In Mitteleuropa werden die Datteln meist im getrockneten Zustand angeboten, frisch dagegen sind sie nur selten erhältlich.

Die Pflanze

Die Dattelpalme stammt wahrscheinlich aus Mesopotamien sowie aus Nordafrika. Als eine der ältesten Kulturpflanzen wird sie dort seit nachweislich 8000 Jahren vorwiegend als Oasenbaum bewirtschaftet, ist aber auch rund um das Mittelmeer verbreitet. Dieser bis über 30 Meter hohe Baum mit schlankem Stamm hat gefiederte Wedel, die eine Länge von sechs Metern erreichen können und in einem rundlichen Schopf angeordnet sind. Die Blüten sind klein und duftend (cremefarbene männliche und weiße weibliche Blüten) und öffnen sich Ende Februar. Die Dattelpalme verträgt Trockenheit, verlangt aber Grundwasserkontakt, vor allem vor der Blüte. Eine periodische Bewässerung ist der traditionellen regelmäßigen Bewässerung vorzuziehen.

Schnitt und Erziehung

Die jungen Bäume lässt man ungestört gedeihen. Man wird die vertrockneten Wedel so zurückschneiden, dass die Blattbasis nahe am Stamm erhalten bleibt. Erst im folgenden Frühjahr entfernt man sie vollständig. Im gemäßigten Klima lässt sich die Dattelpalme im Kübel oder im Glashaus kultivieren. Anders als am Mittelmeer ist mit einem Fruchtertrag unter mitteleuropäischen Bedingungen eher nicht zu rechnen.

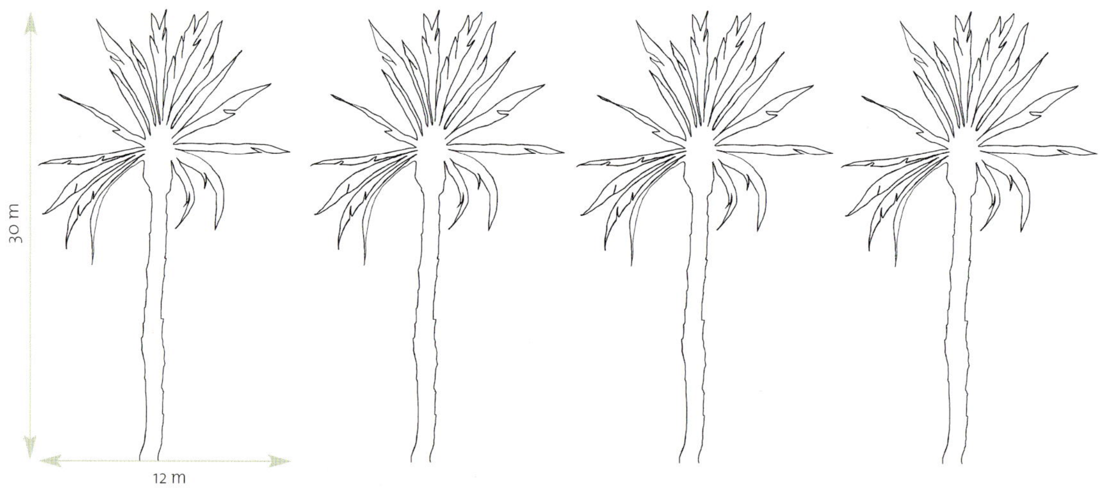

Granatapfel

Punica granatum — Weiderichgewächse Lythraceae

Platzbedarf und Schnitt
6 m x 5 m.

Resistenz
Robust.

Reifezeit
Herbst.

Ansprüche
Humusreicher Boden, gut drainiert; sonniger Standort.

Bestäubung
Selbstbefruchter, aber erfolgreicher im Verband mit mehreren Individuen.

Parasiten und Krankheiten
Geringe Probleme im Freiland.
Im Glashaus: Gewächshaus-Weiße Fliege, Thrips, Schildlaus Schmierläuse, Schildlaus.

Empfehlenswerte Sorten
›André le Roi‹, ›Grenada‹, ›Malissi‹, ›Muscat White‹, ›Nana‹ (Zwerg-Granatapfelbaum), ›Wonderful‹ .

Die Früchte sind rund und bis zu zwölf Zentimeter im Durchmesser, geschmückt mit einem kronenartig vorspringenden Kelch. Die ungenießbare, harte und glänzende Schale ist apfelartig gelb, orange bis dunkelrot getönt. Im Fruchtinneren bilden dickhäutige Trennwände Kammern, die zahlreiche Samen samt einer Hülle aus rötlichem Fruchtfleisch enthalten. Die Frucht liefert nicht nur ein ausgezeichnetes, durstlöschendes Getränk, sondern besitzt viele heilende oder gesundheitsfördernde Eigenschaften.

Die Pflanze

Der Granatapfelbaum ist ein immergrüner, in kälteren Zonen sommergrüner, reich verzweigter Strauch oder kleiner Baum mit langer Lebensdauer, dem man in zahlreichen Regionen vom östlichen Mittelmeer bis im Himalaya begegnet. Der Granatapfelbaum spielte im Altertum neben seiner Qualität als Nahrungslieferant eine herausragende Rolle in der Mythologie, im Heilwesen und bei religiösen Zeremonien (Baum der Erkenntnis). In wärmeren Regionen war der Granatapfelbaum in mittelalterlichen Gärten weit verbreitet. Die lebhaft grünen Blätter erreichen eine Länge von acht Zentimetern. Die leuchtend roten und orangefarbenen, im Durchmesser bis zu vier Zentimeter großen Blüten öffnen sich ab Sommer bis Spätherbst. Der Fruchtertrag ist am höchsten in Regionen mit mildem, gemäßigtem Klima mit langen, heißen Sommern. Der Granatapfelbaum toleriert Trockenheit. Einige Sorten können unsere Wintermonate auch im Freiland überstehen.

Schnitt und Erziehung

In den Regionen mit langen und heißen Sommern erfordert der Granatapfelbaum fast keinen Schnitt für einen optimalen Ertrag. In kälteren Regionen empfiehlt sich die Erziehung als Fächerspalier an einer geschützten, möglichst warmen Mauer.

Kakaopflanze

Theobroma cacao Malvengewächse Malvaceae

Platzbedarf und Schnitt
8 m x 8 m.

Resistenz
Frostempfindlich;
Minimum 13 °C.

Reifezeit
Ganzjährig.

Ansprüche
Humusreicher, mit Laubkompost und Grobsand gemischter, frischer und gut drainierter Boden; indirekte Sonne bis halbschattiger Standort, keine direkte Besonnung; reichliches Gießen besonders im Halbschatten.

Bestäubung
Selbstbefruchter.

Parasiten und Krankheiten
Blattläuse,
Ameisen,
Thrips,
Gemeine Spinnmilbe,
Schildlaus und verschiedene Pilzerkrankungen.

Klassifikation
Criollo, Forastero,
Trinitario (Hybride aus Criollo und Forastero).

Der Kakaobaum liefert eine der wichtigsten Früchte für den Weltmarkt und hat in den letzten Jahren einen erneuten Aufschwung erfahren. Kakao leitet sich aus dem aztekischen Begriff »cacahuatl« ab. Die beulige, ungefähr 20 Zentimeter lange Frucht ist glatt oder warzig, gelb, orange, purpur oder braun (im trockenen Zustand). Jede Frucht enthält etwa hundert Samen (umgangssprachlich Bohnen), die reif geerntet, fermentiert und in der Sonne getrocknet werden. Die daraus gewonnene Kakaobutter und Trockenmasse der gerösteten Bohnen liefert wertvolle Rohstoffe für die Lebensmittel- und Kosmetikindustrie.

Die Pflanze

Der bis zu 15 Meter hohe (im Plantagenanbau auf sechs Meter begrenzte) Kakaobaum ist ein aus Zentral- und Südamerika stammender immergrüner Baum des Regenwaldunterholzes, der von den Olmeken, Maya und Azteken lange vor Eintreffen der Europäer angebaut wurde (1100 v. Chr.). Das Schwergewicht der Produktion hat sich zwischenzeitlich nach Westafrika verlagert. Der Kakaobaum ist eine dekorative Pflanze für den geheizten Wintergarten. Allerdings muss im Raum eine dauerhaft hohe Luftfeuchtigkeit aufrechterhalten werden. Seine cremefarbenen und rosagetönten Blüten von etwa einem Zentimeter entstehen direkt am Stamm. Die zunächst blass weinroten, ledrigen Blätter verfärben sich später dunkelgrün. Diese Bäume fordern eine konstant hohe Temperatur, ertragen jedoch weder Trockenheit noch Wind. Sie gedeihen in sehr feuchten und regenreichen Regionen. Die Sorten der Kakaopflanze werden in drei große Gruppen eingeteilt (siehe nebenstehend). Die Forasterogruppe vertritt ungefähr 90 Prozent der weltweiten Produktion.

Schnitt und Erziehung

Der Baum wird auf einem Stamm von einem bis eineinhalb Metern erzogen. Die fertigen Bäume verlangen kaum einen Pflegeschnitt.

Schädlinge und Krankheiten

Obstgehölze sind einer ganzen Armada von Schädlingen und Krankheiten ausgesetzt, die oft genug mit einfachem Aufwand zu bekämpfen sind, sofern das Problem so schnell wie möglich erkannt und behandelt wird. Einige Obstgehölzarten beziehungsweise -sorten sind weniger widerstandsfähig als andere. Grundsätzlich aber sollten Pflanzen an dem für sie optimalen Standort stehen, denn ein auf die Pflanzenart oder -sorte angepasstes, ausgewogenes Angebot an Sonne, Wasser und Nährstoffen ist die wichtigste Maßnahme zur Vorbeugung von Krankheiten. Vergessen Sie nicht, Unkräuter zu entfernen, die nicht nur Nahrungskonkurrenten sind, sondern gelegentlich auch Parasiten beherbergen und Überträger von Krankheiten sein können.

Bekämpfungsverfahren

Die gesunde Pflanze besitzt normalerweise effiziente physische Barrieren, die das Eindringen eines Schädlings verhindern oder ihn sogar vertreiben können. Droht dennoch Schädlingsbefall, stehen beispielsweise Köder und Fallen zur Verfügung.

Insektizide sind Substanzen, die Insekten abtöten. Man unterscheidet zwei Kategorien: **Kontakt-Insektizide** töten den Schädling, sobald er in Kontakt mit dem Wirkstoff kommt. Das bedeutet, dass dieses Insektizid direkt auf dem schädlichen Kerbtier zerstäubt werden muss. Ein **systemisches Insektizid** wird zunächst durch die Pflanze aufgenommen. Erst durch den Fraß an dem Obstgehölz wird der Schädling vernichtet. Die Mehrzahl der Insektengifte setzt sich aus chemischen Substanzen zusammen. Darüber hinaus gibt es sogenannte »biologische« Insektengifte. Dies sind Substanzen, die in der Natur entstehen, wie Pyrethrum, Schwefel und Seifen. Jedoch sind auch diese Mittel wie alle anderen chemischen Bekämpfungsmittel sehr vorsichtig und dosiert anzuwenden.

Biologische Schädlingsbekämpfung ist eine Methode, die darin besteht, gegen Pflanzenschädlinge und -krankheiten mithilfe deren natürlicher Feinde und Krankheitserreger anzugehen. Diese Nutzorganismen werden von einigen Spezialanbietern verkauft. Einige Insekten können von Hand abgesammelt werden.

Auch gute Gartenhygiene hilft: Sammeln Sie Falllaub und die im Herbst abgefallenen Früchte. Vermeiden Sie zu dichte Anpflanzungen. Schneiden Sie Ihre Gehölze nach den »Regeln der Kunst«, um gesunden und kräftigen Neuaustrieb optimal zu stimulieren. Entfernen Sie alle Unkräuter, die Schädlinge anlocken und Krankheiten übertragen können.

Schädlinge

Kleine Wirbeltiere

Obstgärtner beklagen zuweilen Ernteeinbußen – manchmal in beträchtlichem Umfang –, die durch einige Vogel- und kleine Säugetierarten verursacht werden, sofern keine geeigneten Abwehrmaßnahmen getroffen wurden. Man kann diesen Tieren eine Falle stellen und sie schlimmstenfalls vergiften. Abgesehen davon, dass naturschützerische Erwägungen und Gesetze es verbieten, geschützte Tierarten zu fangen oder zu töten, stehen heute bessere Methoden zum Schutz der Obstbäume zur Verfügung. Eine sehr effiziente Vogelabwehr ist das Einnetzen der Obstgehölze. Die einzelnen Früchte kleiner Obstgehölze lassen sich durch Drahtkäfige schützen. Akustische Methoden, um Vögel zu vertreiben, sind mit Vorsicht anzuwenden. Zum Beispiel können die hochfrequenten Töne mancher Geräte zugleich auch die insektenvertilgenden Fledermäuse vertreiben.

Gliederfüßer (Arthropoda) und Fadenwürmer (Nematoda)

Insekten und andere Gliederfüßer sind im Garten nahezu allgegenwärtig. Sie folgen einem vollständigen Metamorphosezyklus (Ei, Larve, Puppe, Imago) oder einem unvollständigen Zyklus (Ei, Puppe, Imago). In bestimmten Fällen ist es vorteilhaft, Imagos (zum Beispiel das erwachsene, geschlechtsreife Insekt) zu bekämpfen, um sie an einer Eiablage zu hindern.

Spinnentiere (Arachnida)

Gallmilben *Eriophyes*

Dies sind kleine, oft nur mikroskopisch wahrnehmbare Milben, die sich vom Laub, von Knospen und unreifen Früchten ernähren und das Wachstum von Gallen sowie Blattverformungen verursachen. Viele dieser Milben kommen auch als Virusüberträger in Betracht. Die meisten dieser Milben sind auf eine Pflanzenart spezialisiert.

Befallene Pflanzen Apfel-, Birn-, Pflaumenbäume und kleinfrüchtige Sträucher.

Symptome Die befallenen Teile verformen sich oder es bilden sich Gallen.

Bekämpfung Befallene Partien entfernen, Spritzen mit Rapsöl während der Wanderphase im Frühjahr.

Gewächshaus-Weiße Fliege

Trialeurodes vaporariorum

Die kleine weiße Mottenschildlaus erinnert mit ihren weißen Flügeln entfernt an eine Fliege oder winzige Motte. Sie ist sehr wärmebedürftig und deshalb immer noch überwiegend auf Gewächshäuser beschränkt. Sie legt ihre gestielten Eier an der Unterseite der Wirtspflanze ab.
Befallene Pflanzen Die Weiße Fliege befällt ein breites Pflanzenspektrum, vor allem unter Glas.
Symptome Klebriger Belag, Rußtau, gelbe Sprenkelung auf der Blattoberseite.
Bekämpfung Mit Schlupfwespen oder parasitischen Erzwespen *Encarsia formosa*. In akuten Fällen Einsatz von Insektiziden.

Flohkäfer

Altica ssp.

Kleine schwarze, braune, blaue, zuweilen metallisch glänzende Käfer. Ihr vergrößertes hinteres Beinpaar befähigt sie zum Springen.
Befallene Pflanzen Obstgehölze, Weinreben, Avocadobaum u. a.
Symptome Die Imagines fressen kleine Löcher in die jungen Laubblätter, die Larven ernähren sich von den Wurzeln. Stark befallene Jungpflanzen können absterben.
Bekämpfung Bei akutem Befall durch vorsichtige Anwendung systemischer Insektizide.

Wanzen

Grüne Futterwanze *Lygocoris pabulinus*

Das erwachsene Insekt ist grün gefärbt, saugt Pflanzensäfte und sondert zusätzlich infektiösen Speichel ab.
Befallene Pflanzen Zahlreiche Obstgehölze, Beerenobst.
Symptome Löcher in den Blättern der jungen Triebe; befallene Blüten sterben ab. Die Insekten ernähren sich ebenfalls von Früchten.
Bekämpfung Mit chemischen Spritzmitteln meist nicht nötig. Bei ersten Anzeichen von Massenbefall mit Insektiziden.

Apfelwickler

Cydia pomonella

Kleine dunkel- und hellgrau sowie kupferfarben gestreifte Nachtfalter, die ihre Eier auf reife Früchte oder in deren Nähe ablegen. Die schwarzköpfigen, zunächst weißen, madenartigen Raupen dunkeln später rötlich braun nach.
Befallene Pflanzen Nicht nur Apfelbäume, sondern auch anderes Kern- und gelegentlich sogar Steinobst.
Symptome Fraßgänge von der Schale aus in das Fruchtfleisch hinein; oft werden auch die Kerne angefressen.
Bekämpfung Vögel, Schlupfwespen, Ohrwürmer, Wanzen sind natürliche Gegenspieler des Apfelwicklers. Bei Verdacht Phermonfallen aufstellen. Drohen massive Ernteausfälle, versprühen Sie ein Insektizid.

Schildläuse

Coccoidea

Die erwachsenen Insekten befinden sich auf der Unterseite der Laubblätter und auf Pflanzentrieben. Sie sind wegen ihrer farblichen Anpassung leicht zu übersehen. Ihr Honigtau lockt Ameisen an und begünstigt den Rußtaupilz.
Befallene Pflanzen Zahlreiche Pflanzenarten, insbesondere Gewächshaus- und Zimmerpflanzen.
Symptome Schwächung der Pflanzen.
Bekämpfung Schildlausbefall ist meistens die Folge unsachgemäßer Pflege oder ungünstiger Umweltbedingungen. Bei geringerem Befall entfernen Sie die Schildläuse vorsichtig oder schneiden die befallenen Zweige ab. Erst bei akutem Massenbefall kann der Einsatz eines systemischen Insektizids erforderlich werden. Larven können auch mit Kontaktinsektiziden bekämpft werden.

Schmier- oder Wollläuse

Pseudococcidae

Je nach Art sind die Wollläuse oval, weißlich, gelb oder grau. In dauerhaften Kolonien sind sie von flaumigem, weißem Wachs bedeckt.
Befallene Pflanzen Zahlreiche Pflanzen, vor allem unter Glas.
Symptome Welke junge Triebe, Verformung der austreibenden Blätter. Der Honigtau begünstigt die Entwicklung des Rußtaupilzes.
Bekämpfung Indirekt durch Bekämpfung der Ameisen, die für die massenhafte Ausbreitung der Wollläuse mitverantwortlich sein können. Marienkäfer, Schlupfwespen und Florfliegen sind natürliche Feinde. Die biologische Bekämpfung mit dem Australischen Marienkäfer *Cryptolaemus montrouzieri* ist auf den Einsatz in Gewächshäusern beschränkt. Sie sollten ein systemisches Insektizid anwenden. Vollständig befallene Pflanzen beseitigen.

Ameisen

Formicidae

Schwarze, rote oder braune in Kolonien lebende Insekten; einige Stadien sind geflügelt. Die Ameisen sammeln den durch die Blattläuse und andere saugende Insekten abgesonderten süßen Honigtau.
Befallene Pflanzen Potenziell fast alle Pflanzen.
Symptome Welkeerscheinungen und Wurzelschäden durch verwühlten, aufgelockerten Boden, Bildung von Blattlauskolonien und deren Folgeschäden.
Bekämpfung Sehr wirksam sind Ameisenködergifte; durchdringendes Gießen des Ameisennestes. Duftstoffpräparate zum Vertreiben.

Echte Wespen
Vespinae

Die auffälligen Insekten sind durch gelb-schwarze Warnzeichnungen charakterisiert. Die Kolonien leben in papierartigen Nestern.
Befallene Pflanzen Apfel-, Birn-, Pfirsich-, Pflaumenbäume und andere Obstgehölze; Weinreben.
Symptome Die Wespen knabbern an reifen Früchten und verschlimmern die Erstschäden, die vor allem durch Vögel zugefügt wurden.
Bekämpfung Bekämpfung nur dann, wenn es zu erheblichen Ernteeinbußen kommen könnte. Wenn Sie das Nest ausfindig machen, den Nesteingang mit einem Spezialgift besprühen. Andernfalls kontaktieren Sie die Feuerwehr.

Apfelsägewespe
Hoplocampa testudinea

Das erwachsene Insekt ähnelt einer Wespe. Die wurmartigen Larven sind weiß. Diese Sägewespe kann erheblichen Ernteschaden anrichten.
Befallene Pflanzen Apfel-, Birn-, Pflaumenbäume.
Symptome Aus den Bohrlöchern junger Früchte tritt ein nasser, mit Kot durchsetzter Brei aus. Die Miniergänge sind spiralig und korkig verfüllt.
Bekämpfung Vorsicht ist vor allem bei Vorjahresbefall geboten. Sind mehr als etwa fünf Prozent der Fruchtansätze befallen, scheinen Bekämpfungsmaßnahmen angezeigt. Im Ökolandbau wird derzeit Quassiaholzmehl ausgebracht. Im Notfall können innerhalb von sieben Tagen nach dem Abblühen Insektizide versprüht werden.

Frucht- oder Bohrfliegen
Tephritidae

Die düsterfarbene Fliege mit auffällig schwarz gebänderten Flügeln legt ihre Eier unter die Fruchtschale. Die cremefarbenen Maden ernähren sich innerhalb der Frucht. In einigen Regionen ist man zu ihrer Vernichtung gesetzlich verpflichtet.
Befallene Pflanzen Zahlreiche Arten von Pflanzen insbesondere in wärmeren Regionen.
Symptome Die befallenen Früchte reifen frühzeitig und fallen ab. Die Schale reißt manchmal auf.
Bekämpfung Einnetzen der Baumkrone. Mit Leim bestrichene Lockfallen eliminieren die Imagos. Vögel, Laufkäfer, Spinnen sind natürliche Feinde. Vernichten Sie abgefallene Früchte. Versprühen von Insektiziden nur im Notfall.

Nematoden
Blattälchen *Aphelenchoides* ssp.
Wurzelgallen-Nematoden *Meloidogyne* ssp.

Blattälchen befallen Knospen. Es kann daher im Januar bis Mai zur Massenvermehrung kommen, die oft zu erheblichen Schäden führt.
Befallene Pflanzen Beide Nematoden greifen eine große Anzahl von Pflanzenarten an.
Symptome Blattälchen: Knospen öffnen sich nicht, welken und sterben ab. Nekrotische Flecken zwischen den Blattadern. Wurzelgallen-Nematoden: Welkeerscheinungen, Gelbfärbung der Blätter, schlechtes Wachstum, knollige Anschwellungen (Gallen) an den Wurzeln.
Bekämpfung Blattälchen: auf befallsfreies Pflanzgut achten, Unkraut entfernen (Wirtspflanzen ausschalten). Wurzelgallen-Nematoden: optimale Düngung zur Stärkung des Obstgehölzes; Boden mit organischer Substanz zur Förderung der natürlichen Nematodenfeinde anreichern. Bei sehr starkem Befall: vollständiges Umpflügen und anschließend Pflanzenaufwuchs über mehrere Monate im Sommer unterbinden; eventuell Boden gänzlich auswechseln.

Gefurchter Dickmaulrüssler
Otiorhynchus sulcatus

Dieser schwarz-braun gefleckte, gut zehn Millimeter große Rüsselkäfer wird gewöhnlich durch Topfpflanzen eingeschleppt. Die weißen, madenartigen Larven graben sich zur Wurzel durch und richten dort den Hauptschaden an.
Befallene Pflanzen Zahlreiche Pflanzen, Topfpflanzen, Obststräucher und -gehölze, Weinreben, Apfelbäume etc.
Symptome Fraßbild der Imago: halbkreisförmige Einbuchtungen an den Blatträndern. Fraßbild der Larve: Wurzelfraß und Abschälen des Wurzelhalses, langsames Wachstum; die Pflanzen welken und sterben ab.
Bekämpfung Räuberische Fadenwürmer *Heterorhabditis bacteriophora* gegen Rüsselkäferlarven. In akuten Fällen Bekämpfung mit einem Spezialinsektizid gegen Imagos und Larven.

Gemeiner Ohrwurm
Forficularia auricularia

Nachtaktive braune bis rötliche Insekten.
Befallene Pflanzen Zahlreiche Obstgehölze.
Symptome Löcherfraß in Laub und Blüten.
Bekämpfung Nur bei zu starker Ausbreitung. Mit Stroh oder Holzwolle befüllte Topffallen locken die Ohrwürmer an. Bitte vor einer möglichen Bekämpfungsaktion bedenken: Ohrwürmer fressen Schadinsekten!

Kleiner Frostspanner
Operophtera brumata

Die geschlechtsreifen Nachtfalter (Imagos) sind ab Mitte Oktober bis zum Frühlingsanfang aktiv. Die Flügel der Männchen sind ockergrau bis schokoladenbraun. Die Weibchen sind flugunfähig und müssen vor der Eiablage im Geäst die Obstbäume erst erklimmen. Die gelbgrünen Raupen ernähren sich von aufbrechenden Knospen und jungem Laub und spinnen Blätter zusammen.
Befallene Pflanzen Alle Obstbäume.
Symptome Löcherfraß in den Blättern. Blätter sind oft mit Seidenfäden verbunden. Auch die Blüten können gefressen werden, und die Früchte verformen sich.
Bekämpfung Ab Mitte Oktober mit Leimringen – mit Klebstoff imprägnierten Manschetten, die um

den Stamm gelegt werden. Bei Massenvermehrung hilft nur noch der Einsatz von Insektiziden im Frühling.

Birnenpockenmilbe oder Pagenstecher

Eriophyes pyri

Mikroskopisch kleine, wurmförmige, cremefarbene Milbe, die auf der Rückseite der Laubblätter Gallen bildet.

Befallene Pflanzen Birnbäume, gelegentlich Apfel- und Quittenbäume.

Symptome Winzige grünlich gelbe Pockengallen auf Blättern; bei starkem Befallsdruck an Jungfrüchten, die sich später rostartig bräunlich verfärben. Der Baum verliert seine Widerstandskraft, und Ernteeinbußen folgen.

Bekämpfung Selten erforderlich; bei starkem Befall Schwefelspritzungen im September beziehungsweise mit Austriebsspritzmittel.

Walnuss-Filzgallmilbe

Eriophyes tristriatus var. *erineus*

Mikroskopisch kleine Milbe, die sich auf der Blattunterseite ernährt.

Befallene Pflanzen Walnussbäume.

Symptome Weiße, später bräunliche, filzige Flecken auf der Blattunterseite.

Bekämpfung Zehrwespen sind natürliche Feinde der Milbe; befallene Zweige verbrennen; bei starkem Befall vor der Blüte mit Schwefelmittel sprühen (Netzschwefel, Endosulfan).

Blattläuse

Aphidoidea

Kleine grüne, gelbe, rote, braune oder schwarze saugende, mit Stechrüssel ausgestattete Insekten. Sie leben von Pflanzensäften, bilden zuweilen sehr schnell dichte Kolonien und können dadurch sehr schädlich sein. Sie übertragen auch pflanzenschädigende Viren und begünstigen Schimmelpilze.

Befallene Pflanzen Fast alle Pflanzenarten.

Symptome Zum Beispiel Einrollen der Blätter, Verkrümmung der Triebspitzen; Wachstumsverzögerungen, Gallenbildung etc.

Bekämpfung Auch mit einfachen Methoden zu bekämpfen wie durch das Sprühen von seifigen Lösungen. Bedenken Sie vor einem Insektizideinsatz, dass sie damit häufig auch deren natürliche Feinde dezimieren wie etwa Marienkäfer, Florfliegen, Schlupfwespen, Raubwanzen.

Schwarze Kirschen-Blattlaus

Myzus cerasi

Diese schwarz oder schwarzbraun gefärbte Blattlaus sitzt auf der Blattunterseite junger Triebe der Süßkirsche.

Befallene Pflanzen Kirschbäume.

Symptome Die Blätter der Triebspitzen vergilben und rollen sich auf; der Honigtau verursacht Rußtau.

Bekämpfung »Scharfes« Abspritzen; stark befallene Triebe entfernen, früh austreibende Kirschsorten verwenden; natürliche Fressfeinde fördern wie Vögel, Marienkäfer, Florfliegen, Schlupfwespen. Insektizide erst als letztes Mittel und keinesfalls während der Blüte einsetzen.

Avocado-Wanze

Amblypelta nitida

Eine grüne, Pflanzensaft saugende Wanze; die Larven sind schwarz-rötlich.

Befallene Pflanzen Avocado- und Zitrusbäume, Kaki, Macadamia, Nektarinen, Papaya- und Pfirsichbäume, Apfelbäume (subtropische Regionen).

Symptome Avocadobaum: Ödeme erscheinen auf den Früchten. Macadamia: flache, dunkle Flecken auf grünen Nüssen. Mandeln: verformte Früchte. Papayabaum: vorzeitiges Abfallen der Früchte. Pfirsichbaum: Gummifluss.

Bekämpfung Vor einem Einsatz von Insektiziden Früherkennungsmaßnahmen.

Bananen-Wanze

Amblypelta lutescens

Grünlich braune Wanze; die Larven sind rötlich mit schwarzen Flecken auf der Unterseite.

Befallene Pflanzen Avocado- und Zitrusbäume, Litschi, Bananenstaude, Passionsblume.

Symptome Avocadobaum: Ödeme erscheinen auf den Früchten. Bananenstaude: Auf der Fruchtschale erscheinen flache, dunkle Flecken.

Bekämpfung Fressfeinde wie Vögel und Raubwanzen fördern; Insektizide nur im Notfall einsetzen.

Gemeine Spinnmilbe

Tetranychus urticae

Diese winzigen Spinnmilben können zur Plage in Gewächshäusern werden. Zunehmend begegnet man ihnen aber auch im Freiland.

Befallene Pflanzen Alle Pflanzen unter Gewächshausbedingungen. Bei warmer Witterung an Beerensträuchern, Weinreben, Apfel, Birne, Pflaume.

Symptome Gelblich blasse Blattsprenkelungen, die schließlich zum Vertrocknen und vorzeitigen Laubfall führen; Ernteeinbußen.

Bekämpfung Glashaus: Sorgen Sie mit dem Wasserzerstäuber für eine Erhöhung der Luftfeuchtigkeit. Die im Handel erhältliche Raubmilbe *Phytoseiulus persimilis* kann sehr wirksam sein. Die Bekämpfung mit chemischen Mitteln (Akariziden) ist sehr unsicher.

Thrips oder Fransenflügler

Thysanoptera

Die winzigen Imagos der auch als Gewitterfliegen oder Blasenfüße bekannten Insekten besitzen fransige Haarkränze an den vier, meist dunkel gefärbten Flügeln. Die gelblichen oder grünlichen Larven sind flügellos.

Befallene Pflanzen Zahlreiche Pflanzenarten im Freiland und unter Glas.

Symptome Silbrige Blattsprenkelung, Vergilbung, abfallende Blätter, Wachstumshemmung, Verkrüppelung der Triebe.
Bekämpfung Erzwespen, Raubmilben, Florfliegen, Ameisen, Schwebfliegen, räuberische Thripse usw. Klebfallen in Gewächshäusern. Nur bei Massenbefall Einsatz von Insektiziden.

Himbeerkäfer

Byturus tomentosus

Ein kleiner Käfer mit braunen, dicht behaarten Flügeldecken. Die cremefarbenen Larven mit braunem Kopf ernähren sich in den Früchten, während das Vollinsekt im Frühjahr Fraßschäden verursacht.
Befallene Pflanzen Himbeer- und Brombeersträucher (einschließlich der Hybriden).
Symptome Die Früchte vertrocknen oder faulen.
Bekämpfung Absammeln der Käfer und der befallenen Früchte; Spritzen mit Rainfarnsud, aber nicht während der Blühsaison. Kein chemisches Insektizid verwenden.

Eulenfalter

Noctuidae

Schädlich sind die Larven (Raupen) mehrerer Eulenfalterarten (Nachtfalter).
Befallene Pflanzen Zahlreiche Pflanzenarten.
Symptome Deutliche Löcher in den Blättern, Fraßschäden am Wurzelhals.
Bekämpfung Nachts absammeln, denn die Raupen erscheinen erst dann auf der Pflanze. Es gibt auch ein im Handel erhältliches biologisches Raupenspritzmittel.

Krankheiten

Pflanzenkrankheiten werden von den unterschiedlichsten Krankheitserregern verursacht. Erkranktes Pflanzenmaterial muss entsorgt werden, um eine Weiterverbreitung zu verhindern; fügen Sie erkrankte Pflanzen nie zum Kompost hinzu.

Anthraknose

Colletrichum ssp., *C. gloeosporioides* var. *minor* (Mangobaum), *Elsinoe veneta* (Himbeerstrauch), *Gloeosporium* ssp., *Glomerella cingulata* var. *minor* (Avocadobaum), *Elsinoe ampelina* (Reben-Anthraknose)

Diese Pilze befallen nicht nur die oben angegebenen Arten, sondern eine ganze Reihe weiterer Pflanzen. Die folgenden Erkrankungen entstehen vor allem im feuchten Milieu.
Befallene Pflanzen Zahlreiche Obstgehölze.
Symptome Flecken oder Verwundungen und Absterbeerscheinungen (konzentrische Ausbreitung).
Bekämpfung Befallene Pflanzenteile vernichten. Vermeiden Sie, das Laub der gefährdeten Pflanzen mit zu begießen.

Gelbe Sigatoka-Krankheit der Bananenstaude

Mycosphaerella musicola

Sehr verbreitete Blatt-Pilzinfektion bei den Bananenstauden.
Befallene Pflanzen Bananengewächse.
Symptome Blassgelbe Rillen erscheinen auf den Blättern. Das ganze Laubblatt kann verbräunen.
Bekämpfung Fungizid im Frühling versprühen. Infizierte Pflanzenteile (bei starkem Befall ganze Pflanze) vernichten.

Bakterienbrand

Pseudomanas syringae pv. *syringae*

Bakterieninfektion der Steinobstgehölze.
Befallene Pflanzen Steinobstgehölze, insbesondere Aprikosen- und Kirschbäume.
Symptome Chlorotische Blattverfärbungen ähnlich Schrotschusskrankheit, Trieb- und Blütenwelke mit anschließendem Absterben. Eingesunkene Rindenpartien; flache, dunkle Flecken erscheinen auf den Früchten; Fruchtdeformation.
Bekämpfung Für optimale Wachtumsbedingungen sorgen. Ausbringen von Kupferfungizid nach dem herbstlichen Blattfall. Die Spritzaktion in regelmäßigen Intervallen während der Wintersaison fortsetzen.

Pfirsich-Kräuselkrankheit

Taphrina deformans

Eine durch den Schlauchpilz *Taphrina deformans* verursachte Pilzinfektion am Laub der Gattung Prunus. Sie wird durch Regen verbreitet.
Befallene Pflanzen Aprikosen-, Mandelbäume, Nektarinen, Pfirsich- und Pflaumenbäume.
Symptome Die jungen Blätter wellen sich blasenförmig, verfärben sich weißlich, dann rötlich und fallen schließlich vorzeitig ab.
Bekämpfung Erkranktes Laub verbreitet die Erregerpilze. Weißfruchtfleischige Pfirsichsorten sind widerstandsfähiger. Zum Ende der Wintersaison sprühen Sie mit einer zugelassenen Kupferlösung oder anderen zugelassenen Fungiziden.

Himbeerrutenkrankheit

Leptospaeria coniothyrium und *Didymella applanata*

Durch mehrere pilzliche Erreger hervorgerufene, weitverbreitete Krankheit der Himbeere.
Befallene Pflanzen Himbeer- und Brombeersträucher.
Symptome Im bodennahen Bereich bilden sich dunkle Flecken, die sich ausdehnen. Die Ruten sterben bei steigender Temperatur ab.
Bekämpfung Erkrankte Ruten sofort entfernen. Ausgewogen düngen und Kompost hinzufügen. Weniger anfällige Sorten bevorzugen. Versprühen von Kupferfungizid.

Entomosporiose des Quittenbaums

Diplocarpon mespili

Durch Wind und Regen verbreitete Pilzinfektion.
Befallene Pflanzen Quitten- und Birnbäume, Mispel.
Symptome Kleine unregelmäßige, später zusammenfließende Flecken, vorzeitiger Laubfall. Die Triebe welken, und die Früchte werden fleckig oder verformen sich.
Bekämpfung Befallenes Laub und Früchte entfernen. Infizierte Zweige im Winter kappen und vernichten. Bekämpfung mit Kupferfungizid im folgenden Frühling.

Feuerbrand

Erwinia amylovora

Durch Stäbchenbakterien verursachte, sehr gefährliche, hochinfektiöse Krankheit der Rosengewächse, zu der auch die wichtigsten Kern- und Steinobstsorten zählen.
Befallene Pflanzen Unter anderem Apfel-, Birn-, Quitten-, Mispelbäume und etwa 170 weitere Rosengewächse.
Symptome Die Blätter welken und verbräunen oder werden schwarz (sehen verbrannt aus, daher der Name der Krankheit). Blüten und junge Triebe welken. Bakterieller Schleimaustritt.
Bekämpfung Aufgrund der hohen Ausbreitungsgefahr besteht eine Meldepflicht für befallene Pflanzen. Folgen Sie den Anweisungen und Ratschlagen der hierfür zuständigen Behörden (meist das Landwirtschaftsamt).

Fusariose oder Fusarium-Welkekrankheit

Fusarium ssp.

Mehrere Pilzarten der Gattung *Fusarium* sind für diese Pflanzenkrankheit verantwortlich. Infiziertes Obst ist für den Genuss nicht mehr geeignet, da der Erreger gefährliche Mykotoxine bildet.
Befallene Pflanzen Zahlreiche Pflanzenarten.
Symptome Die ältesten Blätter welken zuerst. Ferner schwarze oder braune Verfärbungen der absterbenden Rinde im bodennahen Stammbereich.
Bekämpfung Übermäßige Düngung vermeiden, auf gute Kulturbedingungen (keine Vernässung, gute Durchlüftung etc.) vor allem der jungen Pflanzen achten und Verletzungen im bodennahen Bereich vermeiden.

Wurzelkropf

Agrobacterium ssp.

Die im Boden lebende Bakterienart *Agrobacterium tumefaciens* dringt durch Verletzungen und Schnittstellen im Wurzel- beziehungsweise bodennahen Stammbereich in die Pflanze ein.
Befallene Pflanzen Kirsch-, Zwetschgen-, Apfel- und Birnbäume, Beerensträucher, Weinreben.
Symptome Abhärtende, später holzige, manchmal knotige (gallenartige) Wucherungen im Wurzel-, seltener im unteren Stammbereich.
Bekämpfung Lockern Sie schwere Böden auf, verbessern Sie die Bodendrainage. Stark befallene Pflanzen entfernen und durch robuste Sorten ersetzen.

Rotpustelkrankheit

Nectria cinnabarina

Der gefährliche, hochansteckende Rotpustelpilz dringt durch kleine Verletzungen ein.
Befallene Pflanzen Obstgehölze, Beerensträucher, Feigenbäume und andere.
Symptome Rote, bei Trockenheit blassere, stecknadelgroße Pusteln auf der Rinde befallener Gehölze.
Bekämpfung Befallene Zweige großzügig entfernen und sofort vernichten. Achten sie auf Windstille und hygienische Arbeitsweise, um eine Weiterverbreitung – etwa durch eine mit Pilzsporen kontaminierte Säge – zu vermeiden. Ist der Stamm befallen, muss das Gehölz entfernt werden.

Silberblattkrankheit, Weißfäule

Chondrostereum purpureum

Eine durch den Violetten Knorpelschichtpilz *Chondrostereum purpureum* verursachte Krankheit. Dieser parasitische Pilz dringt durch Wunden oder größere Verletzungen in das Pflanzengewebe ein.
Befallene Pflanzen Obstbäume, insbesondere Pflaumenbäume und Johannisbeersträucher.
Symptome Die Blätter verfärben sich silbrig und dann braun. Die Triebe welken.
Bekämpfung Befallene Teile zurückschneiden. Zeigt sich bereits der violette Fruchtkörper des Pilzes, empfiehlt es sich, den Baum zu fällen.

Wurzelschwamm

Heterobasidion annosum (Fomes annosus)

Die Infektion durch den Porlingspilz erfolgt vor allem durch Verletzungen an der Wurzelrinde. Dieser Pilz befällt häufig auch Waldbäume, die dann die Pilzerkrankung auf angrenzende Obstgehölze übertragen.
Befallene Pflanzen Obstbäume.
Symptome Nachweis schwer. Vor allem jüngere Gehölze können absterben. Zuweilen Harzfluss als Abwehrreaktion. Der rötlich braune Fruchtkörper wird oft von Laub oder Erde verdeckt.
Bekämpfung Erkrankte Gehölze samt Wurzel entfernen.

Weinreben-Mehltau, Reben-Peronospora, Falscher Mehltau

Plasmopara viticola

Pilzerkrankung der Weinrebe.
Befallene Pflanzen Weinreben.
Symptome Es erscheinen gelbliche Flecken – sogenannte Ölflecken – auf der Blattoberseite und etwas später ein weißlicher Pilzrasen auf der Blattunterseite. Infizierte Trauben schimmeln und verfaulen.

Bekämpfung Will man auf Spritzmittel verzichten, kann man nur vorbeugen. Bieten Sie der Weinrebe einen sonnigen, gut durchlüfteten Standort und eine optimale Nährstoffversorgung. Robuste Sorten verwenden. Verseuchte Triebe umgehend entfernen und vernichten. Ansonsten ein zugelassenes Kupferfungizid im Frühling vor der Blüte ausbringen.

Blüten-, Zweig- und Fruchtmonilia

Monilinia ssp.

Diese Krankheit wird durch Pilze verursacht, die in verletztes Gewebe eindringen.

Befallene Pflanzen Steinobstgehölze, besonders Kirsche und Sauerkirsche, aber auch Aprikose, Pfirsich, Mandel.

Symptome Blüten, Blätter und Zweige werden schlaff, welken und verbräunen, ohne abzufallen. Früchte verfaulen, sterben ab, mumifizieren und bleiben meist am Baum hängen. Harzausfluss im Grenzbereich zur Infektion. Graue Pusteln erscheinen auf den kleinen Zweigen.

Bekämpfung Vorbeugungsmaßnahmen: resistentere Sorten verwenden, befallene Pflanzenteile sowie mumifizierte Früchte absammeln und vernichten. Pflanzenstärkungsmittel haben sich bewährt. Ausbringen zugelassener Fungizide ab der Blüte bei sehr starkem Befall.

Mehltau

Podosphaera leucotricha (Apfelmehltau), *Sphaerotheca fuliginea* (Echter Mehltau), *Sphaerotheca pannosa* var. *persicae* (Pfirsichmehltau)

Diese durch verschiedene Schlauchpilze aus der Familie Erysiphaceae hervorgerufene Erkrankung zeigt sich durch einen pudrigen, weißen Myzelfilz auf der Blattoberseite.

Befallene Pflanzen Pfirsich, Apfel und anderes Kernobst; Weinreben, Papaya und andere Obstgehölze.

Symptome Auf den Blättern erscheinen weiße Flecken. Im fortgeschrittenen Stadium kann sich der mehlige Filz auf weitere Partien der Pflanze ausdehnen, die sich auch verformen können. Der Geschmack des Obstes kann sich verschlechtern.

Bekämpfung Die Pflanzen regelmäßig und bedarfsgerecht gießen. Widerstandsfähige Sorten wählen. Befallene Pflanzenteile entfernen. Fungizidspritzungen möglichst vermeiden.

Phytophtora

Phytophtora ssp.

Hier handelt es sich um eine aggressive Alge, die erst in neuerer Zeit eingeschleppt wurde. Diese zerstört das Feinwurzelgewebe, verursacht Wurzelhalsfäule und Stammkrebs nicht nur in Obst-, sondern auch bei anderen Gehölzen und Waldbäumen. *Phytophtora* breitet sich schnell im feuchten und vernässten Boden aus, aber auch eine Übertragung der Sporen durch die Luft ist möglich.

Befallene Pflanzen Potenziell alle verholzenden Pflanzen.

Symptome Wurzelfäulnis. Absterben der Rinde, Blätter vergilben und sterben ab. Eine sichere Diagnose gewährleistet nur eine labortechnische Untersuchung, ist aber bei Verdacht wegen der Gefährlichkeit des Erregers angebracht.

Bekämpfung Widerstandsfähige Obstsorten anbauen, verseuchtes Pflanzmaterial entfernen und vernichten. Vor der Neuanpflanzung die Drainage schwerer Böden verbessern.

Stängelgrundfäule

Pythium ssp.

Eine Erkrankung, die auf einen im Boden lebenden Pilz zurückzuführen ist und die durch feuchte Bedingungen begünstigt wird.

Befallene Pflanzen Zahlreiche Pflanzenarten.

Symptome Schwarzfärbung von der Stammbasis nach oben fortschreitend. Stark befallene Pflanzen können absterben.

Bekämpfung Verseuchte Pflanzen vernichten. Versprühen Sie zugelassene Bodenfungizide. Verbessern Sie die Drainage des Bodens, bevor Sie neu anpflanzen.

Grauschimmelfäulnis

Botrytis ssp.

Ein durch den Wind sehr verbreiteter Pilz. Er befällt Gewächshauspflanzen besonders hartnäckig und wuchert in feuchter Umgebung.

Befallene Pflanzen Potenziell alle Pflanzen, besonders unter schlechten und schlecht durchlüfteten Kulturbedingungen.

Symptome Die Pflanze welkt. Die Stämme verblassen oder nehmen eine silbrige Färbung an. Ein braungrauer Filz überzieht die Früchte.

Bekämpfung Befallene Triebe und Früchte entfernen und vernichten. Erhöhen Sie die Luftzirkulation. Verbessern Sie die Drainage feuchter Böden.

Dürrfleckenkrankheit und andere Blattfleckenkrankheiten

Alternaria ssp. und andere Arten

Die gelben, braunen oder schwarzen konzentrischen Blattflecken werden durch eine große Anzahl von Pilzarten verursacht. Sie erscheinen gewöhnlich im Frühling oder im Herbst und besonders bei feuchter Witterung.

Befallene Pflanzen Zahlreiche Pflanzenarten.

Symptome Auf den Blättern entwickeln sich Flecken mit konzentrischen Ringen. Manchmal verbräunen ganze Blätter und vertrocknen.

Bekämpfung Entfernen Sie befallenes Laub und versprühen Sie ein zugelassenes Fungizid auf Kupferbasis. Stärken Sie die Pflanze mit einem Flüssigdünger, und verbessern Sie den Boden durch Kompostgaben.

Apfel- und Birnenschorf

Venturia inequalis, Venturia pirina

Hier handelt es sich um eine Pilzkrankheit des Kernobstes. Ein feuchter Frühling erhöht das Risiko des Befalls.

Befallene Pflanzen Apfel- und Birnbäume. ›Granny Smith‹ und ›Delicious‹ gehören zu den anfälligsten Sorten.

Symptome Braune Flecken erscheinen auf den Blättern. Auf den Früchten bilden sich olivgrüne Flecken, die rissig werden und schließlich verkorken.

Bekämpfung Befallenes Laub einsammeln und vernichten. Äpfel, soweit sie nicht verzehrt werden, ebenfalls vernichten. Bei starkem Schorfbefall kann ein zugelassenes Fungizid für Abhilfe sorgen. Verbessern Sie die Luftzirkulation durch gezielte Schnittmaßnahmen.

Weitere Pilzerkrankungen

Immer wieder kommt es zu Infektionen durch nicht oder schwer identifizierbare Pilzarten. Rußtau wird durch Insektenschädlinge verursacht (beispielsweise Blatt- und Schildläuse). Die als Honigtau bezeichneten Ausscheidungen der Blattläuse dienen als Nährboden für verschiedene Rußtaupilzarten. Der Schimmelpilz vermindert die Assimilationstätigkeit des Baumes, was zu Wachstums- und Ernteeinbußen führen kann. Schneiden Sie befallene Pflanzenteile ab, und dezimieren Sie die Blattläuse.

Verletzungen an Ästen und Stämmen zeigen in der Folgezeit manchmal einen klebrigen Ausfluss. Entfernen Sie stark befallenes Holz. Andere im Boden lebende Pilze verursachen Kragenfäule an den Wurzeln. Symptome und Behandlung siehe *Phytophtora* und *Pythium*, Seite 186.

Viren und Mykoplasmen

Viren werden durch die Stich- und Fraßstellen vieler Insekten wie Blattläuse, Thripse, Zikaden, Weiße Fliegen, aber auch durch Gall- und Spinnmilben sowie Nematoden und zahlreiche andere Organismen auf die Wirtspflanze oder durch Wundkontakt übertragen. Die Symptome sind sehr vielfältig: mosaikartige, gelbliche und weißliche Blattverfärbungen, Verkrüppelung der Blätter und Früchte, Drehwuchs, Schwächung der Pflanze usw. Häufig sind auch Infektionen des Kern- und Steinobstes die Folge. Virusgetestetes Pflanzgut ist am roten Etikett erkennbar. Die Verwendung widerstandsfähiger Pfropfunterlagen ist eine wirksame Vorbeugungsmaßnahme. Um die Ausbreitung eines Virus zu verhindern, muss man in erster Linie den Virusüberträger kontrollieren und gegebenenfalls beseitigen. Die verseuchten Pflanzen müssen vernichtet werden. Befallene Gehölze wegen der Gefahr der Weiterverbreitung zuletzt bearbeiten und Werkzeuge sehr sorgfältig säubern.

Mykoplasmen sind kleine Bakterienorganismen und verantwortlich für verschiedene Pflanzenerkrankungen. Sie werden wie Viren vor allem durch saugende und beißende Insekten und andere Gliederfüßer übertragen.

Physiologische Probleme

Bestimmte Probleme im Obstgarten sind auf schlechte, unzureichende Kulturbedingungen zurückzuführen. Zu viel oder zu wenig Bewässerung oder ein unpassender Bewässerungsrhythmus können Symptome hervorrufen, die manchen Krankheitsbildern täuschend ähneln.

Nicht nur Bakterien und Pilze, sondern Frost und plötzliche starke Temperaturumschwünge verursachen Gummifluss (Gummose), ein häufiges Stressphänomen bei Pflaumen-, Pfirsich-, Kirsch- und Aprikosenbäumen. Die betroffenen Rinden- und Fruchtpartien scheiden eine Flüssigkeit aus, die später verharzt. Eine angepasste Düngung und Verbesserung des Bodenzustandes sowie das Entfernen betroffener Stellen zur Vegetationszeit (Wunden heilen schneller) können die Kondition des Baumes deutlich verbessern.

Die Stippigkeit des Apfels (engl. *bitter pit*) ist auf Kalziummangel zurückzuführen und äußert sich in grünlichen Vertiefungen auf der Apfelschale, während sich darunter das Fruchtfleisch bräunlich verfärbt und einen bitteren Geschmack annimmt. Dieses Mangelsymptom kann durch eine unregelmäßige Bewässerung ebenso verursacht werden wie durch verspätete Stickstoffgaben oder eine übertriebene Kali-Magnesiumdüngung.

Glossar

Alternanz
Schwankung des Fruchtertrags im Zweijahresrhythmus, verursacht etwa durch Nährstoffmangel, Spätfrost während der Blüte, sortenbedingte Neigung usw. Äpfel, Birnen, aber auch Oliven leiden unter derartigen Schwankungen.

Anthere
Staubbeutel: der pollenproduzierende Teil des Staubblattes einer Blüte.

Art
Art oder Spezies ist die grundlegende Kategorie der Pflanzenbenennung. Eine Pflanzenart unterscheidet sich durch deutliche morphologische Unterschiede von einer anderen Art derselben Gattung. Die Arten werden nach dem binominalen (zweinamigen) System klassifiziert, zum Beispiel *Prunus dulcis*.

Assimilat
Produkte, die die Pflanze durch Photosynthese erzeugt (gespeicherte Energie in Form von Traubenzucker).

Befruchtung
Vorgang der Vereinigung zweier Keimzellen zu einer Zygote, d. h. durch die Verschmelzung eines Pollenkorns mit einer Samenanlage wird ein Samen erzeugt. Siehe auch Kreuzbestäubung.

Blütenstaub
siehe Pollen

Cultivar
siehe Kultivar (Abkürzung von Cultivar = cv.)

diözisch
Männliche und weibliche Blüten sind auf verschiedene Individuen verteilt.

Dormanz
Ruheperiode in der Entwicklung einer Pflanze. Sie gewährleistet ein Überleben der Pflanze während ungünstiger Witterungsperioden wie Frost (Winterruhe) und Trockenheit.

Düngemittel
Chemische Stoffe oder Stoffgemische zur Verbesserung des Nährstoffangebots, um das Wachstum, die Produktivität und Gesundheit der Pflanze und/oder ggf. die Fruchtbarkeit des Bodens zu stimulieren.

Edelreis
Dies ist ein kurzes, meist nur wenige Zentimeter langes Spross-Teilstück einer Edelsorte, das auf eine Unterlage aufgepfropft wird.

Familie
Eine der Hauptrangstufen in der botanischen Taxonomie. Sie fasst meist mehrere miteinander verwandte Gattungen, die ihrerseits aus mehreren Arten bestehen können, zusammen. Alle Pflanzengattungen und -arten stimmen innerhalb einer Familie mit wesentlichen Merkmalen überein. Zum Beispiel zählen alle Mitglieder der Rosengewächse zur Familie der Rosaceae, da sie u. a. Gemeinsamkeiten in der Blütenarchitektur besitzen.

Fruchtast
Fruchtäste sind den Gerüst- oder Leitästen nachgeordnet (Äste 2. Ordnung) und Träger des Fruchtholzes. Leitast, Fruchtast und Fruchtholz müssen optimal verteilt und klar zu unterscheiden sein.

Fruchtholz
Mehrjährige, verholzende, fruchttragende Triebe. Das Kernobst entwickelt Kurztriebe in Form von drei Zentimeter langen Fruchtsprossen, drei bis zehn Zentimeter langen Fruchtspießen, zehn bis 25 Zentimeter langen Fruchtruten, gestauchten Ringelspießen und verzweigtem Quirlholz aus. Langtriebe sind meist Holztriebe.

Fungizid
Wirkstoffe, die mehr oder weniger selektiv Pilze, deren Sporen und Bakterien töten. Fungizide gibt es als Pulver oder Lösung.

Gattung
Synonym: Genuss. Die für die botanische Systematik grundlegende Kategorie »Gattung« ist hierarchisch zwischen Familie und Art eingegliedert. Sie enthält eine oder mehrere Arten, die zwar verschieden sind, aber so viele grundlegende Gemeinsamkeiten besitzen, dass sie auf einen gemeinsamen Vorfahren zurückgehen müssen. Beispiel für eine Gattung ist *Prunus*. Die Kreuzung unter mehreren Arten ist möglich (intragenerisch).

Gerüstäste
Seitentriebe 1. Ordnung, die das Kronengerüst bilden. Sie sollten in einem Winkel von etwa 45°–60° (in alle Himmelsrichtungen) gut verteilt vom Stamm abstehen und mehr oder weniger schräg nach oben wachsen. Es werden in der Regel nicht mehr als drei bis fünf Gerüstäste ausgewählt. Die richtige Auswahl und der Schnitt sind die wichtigsten Erziehungsmaßnahmen am Obstgehölz und entscheiden über das weitere Schicksal der Krone.

Hybride
Kreuzung zwischen Arten oder Unterarten, siehe Hybridzucht.

Hybridzucht
Kreuzung zwischen Arten oder Unterarten. Der Züchter verspricht sich davon eine erhebliche Steigerung der Vitalität, Leistung oder anderer vorteilhafter Eigenschaften gegenüber reinerbigen Pflanzenzüchtungen.

Insektizid
Substanz zur Abtötung oder Entwicklungshemmung von Insekten.

Kauliflorie
Stammblütigkeit mancher Gehölzpflanzen, d. h. die Blüte entsteht direkt an verholzten Pflanzenteilen, vermutlich um Blüte als auch deren nachfolgende Früchte für Wirbeltiere besser erreichbar zu machen. Viele tropische Gehölze, darunter Kakao- und Papayabaum, sind kauliflor.

Knospe
Pflanzliches Überdauerungsorgan: In der Knospenhülle sind die embryonalen Sprosse, Blätter und Blütenstände vor Kälte geschützt. Die Knospen sind ein wichtiges Gehölzbestimmungsmerkmal.

Kreuzbestäubung
Übertragung des Pollens auf eine Blüte einer anderen Pflanze der gleichen Art; bewirkt eine verlässliche Befruchtung.

Kultivar
Bzw. Sorte, Varietät: Kulturpflanze, die sich durch besondere Merkmale von anderen Pflanzen unterscheidet und die bei der Fortpflanzung die sortentypischen Merkmale beibehält. Sorten oder Varietäten werden heute nicht mehr mit lateinischen Namen belegt.

Kultursorte
Pflanze, die vermutlich aus einer Hybridisierung von Wildpflanzen hervorgegangen ist, also den Status einer Sorte oder Varietät hat, deren Verwandtschaftsbeziehungen sich aber nicht rekonstruieren lassen. So gilt die früher am Rhein angebaute uralte Rebsorte Elbling als Kultursorte.

Kultursubstrate
Auch Einheitserden: industriell gefertigte, keim- und schädlingsfreie Substratmischungen, meistens von geringerem Gewicht und speziell auf die Bedürfnisse gewisser Pflanzengruppen ausgerichtet.

Kurztrieb
Stängelglieder (Internodien) mit reduziertem Längenwachstum.

Langtrieb
Stängelglieder (Internodien) mit gestrecktem Längenwachstum.

Leitast
siehe Gerüstast

monözisch
Männliche und weibliche Blüten befinden sich auf einer Pflanze, sind aber voneinander getrennt.

Perlit
Poröse Kügelchen aus vulkanischem, glasigem Ausgangsmaterial. Ein mineralischer Zuschlagsstoff für Topfsubstrate, der die Luftdurchlässigkeit verbessert und eine Bodenverdichtung verhindert.

Pflanzengalle
Wucherungen des Pflanzengewebes, u. a. hervorgerufen durch Insekten, Milben, Nematoden, Bakterien, Viren. Entsprechend der unterschiedlichen Erreger sind auch die Symptome unterschiedlich. Viele Gallen sind gutartig.

Pfropfen
Die Pfropfung im Obstbau besteht darin, den Stamm, Krone oder Zweig (Edelreis) mit einer Unterlage (meist Wurzelunterlage) einer anderen Pflanze physiologisch zu verbinden. Seit der Antike haben sich zahlreiche Pfropfungsvarianten herausgebildet. Neben der Vermehrung gibt es eine Anzahl weiterer Gründe für das Pfropfen: Förderung des Ertrages, der Gesundheit und Widerstandskraft, der Stabilität, die Erhaltung alter Sorten, die Reparatur rückgängiger Kronen und Platzeinsparung, Erhöhung der Sortenvielfalt (mehrere Sorten auf einem Baum), etc.

Pollen
Mehlartige Substanz, die in männlichen Blütenteilen der Samenpflanzen, den Antheren, gebildet wird. Sie dienen der Bestäubung und der anschließenden Befruchtung der weiblichen Blütenorgane.

racemöser Blütenstand
Im Gegensatz zum cymösen Blütenstand bildet hier ausschließlich der terminale Vegetationspunkt die Achse aus. Die elementare Form des racemösen Blütenstandes ist die Traube (längs einer Achse entspringen in den Achseln von Tragblättern unverzweigte Blütenstiele).

Saftwaage
Wenn sich die obersten Knospen in gleicher Höhe befinden, werden sie alle gleich mit »Saft« versorgt, wodurch eine gleichmäßige Ausbildung der Krone gewährleistet ist.

Selbstbefruchter
Selbstfruchtbare Pflanzen, d. h. die Samenbildung kann auch durch eigene Pollen erfolgen.

selbststeril
Selbstunfruchtbare Pflanzen, d. h. die Samenbildung kann nicht durch eigene Pollen erfolgen.

Sommergrün
Laubabwerfend. So werden Gehölze bezeichnet, deren Laub im Herbst abfällt und im folgenden Frühling neu gebildet wird.

Sorte
siehe Kultivar

Stammblütigkeit
siehe Kauliflorie

Stammverlängerung
Die Fortsetzung des Baumstamms innerhalb des Kronenbereichs abzüglich des astfreien Stammanlaufs.

Stigma
Bzw. Narbe: ist der empfängnisfähige Teil des Stempels. Mit Fruchtknoten und Griffel bildet das Stigma den weiblichen Blütenanteil.

Varietät
siehe Kultivar

Vektor
Bzw. Krankheitsüberträger; z. B. Insekten und andere Gliederfüßer, die sich von Pflanzen ernähren und dabei den eigentlichen Krankheitserreger, z. B. eine Virusart, in das Pflanzengewebe einführen.

Veredelungsstelle
Stelle, an der das Edelreis mit der Unterlage verbunden wird; später an einem Wulst zu erkennen.

Veredelungsunterlage
Pflanze, die einer Edelsorte die Wurzelunterlage samt Stammbasis liefert.

Vermiculit
Mineralischer Zuschlagsstoff aus der Klasse der Tonminerale mit geringer Dichte zur besseren Durchlüftung des Pflanzsubstrats.

Wurzelschössling
Ein Trieb, der aus einem schlafenden Auge im Wurzelbereich hervorgeht. Von Bedeutung vor allem bei Pfropfgehölzen, bei denen die vitalen Wurzelschösslinge schnell den Edeltrieb verdrängen können, wenn sie nicht rechtzeitig entfernt werden.

Zwitterblüte
Innerhalb einer Blüte befinden sich sowohl männliche (Staubblätter) als auch weibliche (Fruchtblätter od. Karpelle) Blattorgane.

Register

Danksagung

Dieses Buch hätte nicht ohne die Hilfe vieler Freunde, Kollegen und Gartenliebhaber entstehen können, die mir mit Rat und Tat zur Seite standen und vor allem die Vorlagen für die Fotos zur Verfügung stellten.

Insbesondere sind hier zu nennen: Ian und Wendy Hall, Tony und Anne White, Matthew und Sue Kinross. Francesca Certo hat mich Robin Locke vorgestellt, der mich mit dem Eden Project in Cornwall vertraut machte, wo ich Don Murray, Glen Leishman und weitere Mitglieder der Mannschaft von Eden traf. Ohne ihre Beiträge hätte das Kapitel über exotische Früchte nicht geschrieben werden können. John Vanderplank hat das Kapitel über die Passionsfrucht zugeliefert.

Schließlich hätte dieses Buch nicht in dieser Form entstehen können ohne das Engagement und die Hingabe von Catie und Claire; die Schönheit der Fotos wäre ohne das Talent Helens beim Dekorieren undenkbar.

Text: Andrew Mikolajski
Fotos: Peter Anderson
Die französische Originalausgabe mit dem Titel »Arbres Fruitiers« erschien 2007 bei Marabout – Hachette Livre, Paris.

Bibliografische Information der Deutschen Nationalbibliothek
Die Deutsche Nationalbibliothek verzeichnet diese Publikation in der Deutschen Nationalbibliografie; detaillierte bibliografische Daten sind im Internet über http://dnb.d-nb.de abrufbar.

1. Auflage
ISBN 978-3-7688-2536-8
Die Rechte für die deutsche Ausgabe liegen beim Verlag Delius, Klasing & Co. KG, Bielefeld

Aus dem Französischen von Christine und Markus Mössel
Zeichnungen: Alice Chadwick
Layout: Helen Mc Teer
Umschlaggestaltung: Gabriele Engel
Printed in Spain 2009

Delius Klasing Verlag, Siekerwall 21, D - 33602 Bielefeld
Tel.: 0521/559-0, Fax: 0521/559-115
E-Mail: info@delius-klasing.de
www.delius-klasing.de